焊接作业危险源辨识与事故风险管控知识手册

主　编　陈　健　王吉武
副主编　张英香　邓天勇

哈尔滨工程大学出版社
Harbin Engineering University Press

内容简介

本书主要介绍了焊接设备设施、焊接作业过程及相关管理三个方面可能存在的危险、隐患及其事故风险控制措施等。同时，结合船舶工业焊接作业过程常见的四类典型生产安全事故，帮助焊接作业人员更好地学习焊接作业安全知识，提高识别风险和控制风险的能力。

本书共分为五章，分别为概述、焊接危险源辨识与事故风险控制、焊接常见事故隐患与安全要求、焊接作业典型事故案例和焊接作业安全示范。

本书可作为班组安全教育培训的教材，也可供从事安全生产工作的有关人员参考和使用。

图书在版编目（CIP）数据

焊接作业危险源辨识与事故风险管控知识手册 / 陈健，王吉武主编 . — 哈尔滨：哈尔滨工程大学出版社，2023.8

ISBN 978-7-5661-3952-8

Ⅰ . ①焊… Ⅱ . ①陈… ②王… Ⅲ . ①焊接 – 危险源 – 辨识 – 手册②焊接 – 事故 – 风险管理 – 手册 Ⅳ . ① TG408-62

中国国家版本馆 CIP 数据核字 (2023) 第 097652 号

焊接作业危险源辨识与事故风险管控知识手册
HANJIE ZUOYE WEIXIANYUAN BIANSHI YU SHIGU FENGXIAN GUANKONG ZHISHI SHOUCE

出版发行	哈尔滨工程大学出版社
社　　址	哈尔滨市南岗区南通大街 145 号
邮政编码	150001
发行电话	0451-82519328
传　　真	0451-82519699
经　　销	新华书店
印　　刷	哈尔滨市石桥印务有限公司
开　　本	880 mm×1 230 mm　1/32
印　　张	3.375
字　　数	96 千字
版　　次	2023 年 8 月第 1 版
印　　次	2023 年 8 月第 1 次印刷
定　　价	68.00 元

http：//www.hrbeupress.com
E-mail：heupress@hrbeu.edu.cn

编　委　会

主　编　陈　健　王吉武
副主编　张英香　邓天勇
参　编　（按姓氏笔画排序）

于书健　马　哲　王　梓　王永杰　王志宁
王志信　王越巍　孔祥鹏　艾　莉　田　伟
史晓慧　吉洪文　巩　琦　吕　哲　朱晨星
任冠桥　刘　宏　江　琳　孙成功　孙罗文
孙海滨　李中军　李汉平　李亚政　李江澜
吴　娣　汪　辉　宋　凯　宋　燕　张　冰
张　楠　张天鹏　张泽瀚　张建业　张善嬠
范春磊　茅　懋　林　骏　和贵山　金　浩
周志敏　赵英杰　赵杰超　胡熔辉　钟　阳
栾虹锐　栾继强　郭建华　黄　莹　黄肖静
曹　伟　曹　凯　曹震毅　常　韧　常时刚
常骐运　崔西勇　彭学创　曾　理　滕仰波
潘长城

前　言

　　焊接作业是船舶造修领域的核心作业之一，具有施工面广、量大、危险程度高、作业环境恶劣等特点，从业人员易受到火灾、爆炸、灼烫、中毒、触电和高空坠落等风险威胁，相关生产安全事故时有发生。因此，做好焊接作业安全管理工作，对于提升船舶造修企业安全生产具有十分重要的意义。

　　本书通过对近年来船厂焊接作业引发的事故原因进行分析，结合编者团队近10年来对中国船舶集团有限公司所属成员单位开展安全生产标准化达标建设工作经验，发现当前事故主要与从业人员安全技能不足、企业焊接管理不规范及焊接设备设施存在安全隐患有关。为进一步提高焊接作业安全管理水平，规范焊接设备及作业行为管理，编者团队结合船舶建造焊接作业实际，在收集大量资料的基础上，编写了本书。

　　本书在介绍焊接安全基本知识的基础上，分别重点阐述了各类焊接设备的作业危险源和有害因素、安全要求、安全装置及保险装置、安全操作方法、常见事故的发生原因、防止措施、常见故障及排除方法与维修保养知识等，同时还对焊接设备作业现场的安全知识作了扼要介绍。本书共包括五章内容，分别是：概述、焊接危险源辨识与事故风险控制、焊接常见事故隐患与安全要求、焊接作业典型事故案例和焊接作业安全示范。

　　本书在编撰过程中吸收、借鉴了同类教材和书籍的精华，在此谨向原作者表示衷心的感谢！本书的出版得到了中国船舶集团有限公司各成员单位及安全管理人员的大力支持，在此一并表示感谢！书中内容若不妥，敬请专家、读者指正。

编　者

2023 年 6 月

目　录

第1章 概 述

1.1 焊接基础知识

1.1.1 焊接作业安全概述

焊接作业过程中，作业人员常常与易燃易爆气体、其他电气设备接触，还会暴露在有毒有害粉尘、有毒有害气体、弧光辐射、高频电磁场、噪声、射线等有职业病危害因素的环境中。与此同时，焊接作业还往往伴随着高处作业、有限空间作业等危险作业，容易引发作业人员健康损害和生产安全事故。

为确保焊接作业人员安全健康、防止发生焊接安全事故，国家出台了《焊接与切割安全》（GB 9448—1999）、《电阻焊机的安全要求》（GB 15578—2008）、《弧焊电源 防触电装置》（GB 10235—2012）等一系列国家标准，对电焊设备安全、作业环境安全、作业人员个体防护、防火防爆及安全管理等方面进行规范。同时，根据各行业生产特点，国家专门制定了相关行业标准，如《船舶焊接与切割安全》（CB 3910—1999）、《船厂电气作业安全要求》（CB 3786—2012）、《船舶修造企业高处作业安全规程》（CB 3785—2013）等，适用于船舶工业的行业标准，进一步细化了焊接设备、焊接作业和安全管理的标准要求。

1.1.2 焊接作业人员的基本要求

《中华人民共和国安全生产法》《中华人民共和国劳动法》《中华人民共和国职业病防治法》等法律及相关法规，明确了焊接作业人员的基本条件和具体要求（表 1.1），以保护焊接作业人员的安全和健康，保障焊接作业人员的合法权益。

表1.1　法律、法规对焊接作业人员的基本要求

一、《中华人民共和国安全生产法》（中华人民共和国主席令第八十八号〔2021〕）	
条款	条款要求
第六条	生产经营单位的从业人员有依法获得安全生产保障的权利，并应当依法履行安全生产方面的义务
第二十八条	生产经营单位应当对从业人员进行安全生产教育和培训，保证从业人员具备必要的安全生产知识，熟悉有关的安全生产规章制度和安全操作规程，掌握本岗位的安全操作技能，了解事故应急处理措施，知悉自身在安全生产方面的权利和义务。未经安全生产教育和培训合格的从业人员，不得上岗作业。 生产经营单位使用被派遣劳动者的，应当将被派遣劳动者纳入本单位从业人员统一管理，对被派遣劳动者进行岗位安全操作规程和安全操作技能的教育和培训。劳务派遣单位应当对被派遣劳动者进行必要的安全生产教育和培训。 生产经营单位接收中等职业学校、高等学校学生实习的，应当对实习学生进行相应的安全生产教育和培训，提供必要的劳动防护用品。学校应当协助生产经营单位对实习学生进行安全生产教育和培训。 生产经营单位应当建立安全生产教育和培训档案，如实记录安全生产教育和培训的时间、内容、参加人员以及考核结果等情况
第四十五条	生产经营单位必须为从业人员提供符合国家标准或者行业标准的劳动防护用品，并监督、教育从业人员按照使用规则佩戴、使用
第五十二条	生产经营单位与从业人员订立的劳动合同，应当载明有关保障从业人员劳动安全、防止职业危害的事项，以及依法为从业人员办理工伤保险的事项。 生产经营单位不得以任何形式与从业人员订立协议，免除或者减轻其对从业人员因生产安全事故伤亡依法应承担的责任
第五十三条	生产经营单位的从业人员有权了解其作业场所和工作岗位存在的危险因素、防范措施及事故应急措施，有权对本单位的安全生产工作提出建议

表 1.1（续 1）

条款	条款要求
第五十五条	从业人员发现直接危及人身安全的紧急情况时，有权停止作业或者在采取可能的应急措施后撤离作业场所。 生产经营单位不得因从业人员在前款紧急情况下停止作业或者采取紧急撤离措施而降低其工资、福利等待遇或者解除与其订立的劳动合同
第五十六条	生产经营单位发生生产安全事故后，应当及时采取措施救治有关人员。 因生产安全事故受到损害的从业人员，除依法享有工伤保险外，依照有关民事法律尚有获得赔偿的权利的，有权提出赔偿要求
第五十七条	从业人员在作业过程中，应当严格落实岗位安全责任，遵守本单位的安全生产规章制度和操作规程，服从管理，正确佩戴和使用劳动防护用品
第五十八条	从业人员应当接受安全生产教育和培训，掌握本职工作所需的安全生产知识，提高安全生产技能，增强事故预防和应急处理能力
第五十九条	从业人员发现事故隐患或者其他不安全因素，应当立即向现场安全生产管理人员或者本单位负责人报告；接到报告的人员应当及时予以处理

二、《中华人民共和国劳动法》（中华人民共和国主席令第二十四号〔2018〕）

条款	条款要求
第三条	劳动者享有平等就业和选择职业的权利、取得劳动报酬的权利、休息休假的权利、获得劳动安全卫生保护的权利、接受职业技能培训的权利、享受社会保险和福利的权利、提请劳动争议处理的权利以及法律规定的其他劳动权利
第五十二条	用人单位必须建立、健全劳动安全卫生制度，严格执行国家劳动安全卫生规程和标准，对劳动者进行劳动安全卫生教育，防止劳动过程中的事故，减少职业危害
第五十四条	用人单位必须为劳动者提供符合国家规定的劳动安全卫生条件和必要的劳动防护用品，对从事有职业危害作业的劳动者应当定期进行健康检查
第五十五条	从事特种作业的劳动者必须经过专门培训并取得特种作业资格

表 1.1（续 2）

第五十六条	劳动者在劳动过程中必须严格遵守安全操作规程。 劳动者对用人单位管理人员违章指挥、强令冒险作业，有权拒绝执行；对危害生命安全和身体健康的行为，有权提出批评、检举和控告

三、《中华人民共和国职业病防治法》（中华人民共和国主席令第二十四号〔2018〕）

条款	条款要求
第四条	劳动者依法享有职业卫生保护的权利。 用人单位应当为劳动者创造符合国家职业卫生标准和卫生要求的工作环境和条件，并采取措施保障劳动者获得职业卫生保护。 工会组织依法对职业病防治工作进行监督，维护劳动者的合法权益。用人单位制定或者修改有关职业病防治的规章制度，应当听取工会组织的意见
第七条	用人单位必须依法参加工伤保险
第二十二条	用人单位必须采用有效的职业病防护设施，并为劳动者提供个人使用的职业病防护用品。 用人单位为劳动者个人提供的职业病防护用品必须符合防治职业病的要求；不符合要求的，不得使用
第三十八条	用人单位不得安排未成年工从事接触职业病危害的作业；不得安排孕期、哺乳期的女职工从事对本人和胎儿、婴儿有危害的作业
第三十九条	劳动者享有下列职业卫生保护权利： （一）获得职业卫生教育、培训； （二）获得职业健康检查、职业病诊疗、康复等职业病防治服务； （三）了解工作场所产生或者可能产生的职业病危害因素、危害后果和应当采取的职业病防护措施； （四）要求用人单位提供符合防治职业病要求的职业病防护设施和个人使用的职业病防护用品，改善工作条件； （五）对违反职业病防治法律、法规以及危及生命健康的行为提出批评、检举和控告； （六）拒绝违章指挥和强令进行没有职业病防护措施的作业； （七）参与用人单位职业卫生工作的民主管理，对职业病防治工作提出意见和建议

表 1.1（续 3）

四、中华人民共和国《工伤保险条例》（中华人民共和国国务院令第 586 号〔2011〕）	
条款	条款要求
第二条	中华人民共和国境内的企业、事业单位、社会团体、民办非企业单位、基金会、律师事务所、会计师事务所等组织和有雇工的个体工商户（以下称用人单位）应当依照本条例规定参加工伤保险，为本单位全部职工或者雇工（以下称职工）缴纳工伤保险费
第四条	用人单位应当将参加工伤保险的有关情况在本单位内公示。 用人单位和职工应当遵守有关安全生产和职业病防治的法律法规，执行安全卫生规程和标准，预防工伤事故发生，避免和减少职业病危害。 职工发生工伤时，用人单位应当采取措施使工伤职工得到及时救治
第三十条	职工因工作遭受事故伤害或者患职业病进行治疗，享受工伤医疗待遇
第三十三条	职工因工作遭受事故伤害或者患职业病需要暂停工作接受工伤医疗的，在停工留薪期内，原工资福利待遇不变，由所在单位按月支付

五、《特种作业人员安全技术培训考核管理规定》（国家安全生产监督管理总局令第 80 号〔2015〕）	
条款	条款要求
第四条	特种作业人员应当符合下列条件： （一）年满 18 周岁，且不超过国家法定退休年龄； （二）经社区或者县级以上医疗机构体检健康合格，并无妨碍从事相应特种作业的器质性心脏病、癫痫病、美尼尔氏症、眩晕症、癔病、震颤麻痹症、精神病、痴呆症以及其他疾病和生理缺陷； （三）具有初中及以上文化程度； （四）具备必要的安全技术知识与技能； （五）相应特种作业规定的其他条件。 危险化学品特种作业人员除符合前款第（一）项、第（二）项、第（四）项和第（五）项规定的条件外，应当具备高中或者相当于高中及以上文化程度

表 1.1（续 4）

第五条	特种作业人员必须经专门的安全技术培训并考核合格，取得中华人民共和国特种作业操作证（以下简称特种作业操作证）后，方可上岗作业
第十九条	特种作业操作证有效期为 6 年，在全国范围内有效。 特种作业操作证由安全监管总局统一式样、标准及编号
第二十一条	特种作业操作证每 3 年复审 1 次。 特种作业人员在特种作业操作证有效期内，连续从事本工种 10 年以上，严格遵守有关安全生产法律法规的，经原考核发证机关或者从业所在地考核发证机关同意，特种作业操作证的复审时间可以延长至每 6 年 1 次
第四十二条	特种作业人员伪造、涂改特种作业操作证或者使用伪造的特种作业操作证的，给予警告，并处 1 000 元以上 5 000 元以下的罚款。 特种作业人员转借、转让、冒用特种作业操作证的，给予警告，并处 2 000 元以上 10 000 元以下的罚款

六、《特种设备焊接操作人员考核细则》（中华人民共和国国家质量监督检验检疫总局 TSG Z6002—2010）

条款	条款要求
第三条	从事下列焊缝焊接工作的焊工，应当按照本细则考核合格，持有特种设备作业人员证： （一）承压类设备的受压元件焊缝、与受压元件相焊的焊缝、受压元件母材表面堆焊； （二）机电类设备的主要受力结构（部）件焊缝、与主要受力结构（部）件相焊的焊缝； （三）熔入前两项焊缝内的定位焊缝
第七条	有下列情况之一的，应当进行相应基本知识考试： （一）首次申请考试的； （二）改变或者增加焊接方法的； （三）改变或者增加母材种类（如钢、铝、钛等）的； （四）被吊销特种设备作业人员证的焊工重新申请考试的
第二十四条	特种设备作业人员证每四年复审一次。首次取得的合格项目在第一次复审时，需要重新进行考试；第二次以后（含第二次）复审时，可以在合格项目范围内抽考
第二十九条	持证手工焊焊工或者焊机操作工某焊接方法中断特种设备焊接作业 6 个月以上，该手工焊焊工或者焊机操作工若再使用该焊接方法进行特种设备焊接作业前，应当复审抽考

1.2　焊接方法分类

焊接有多种分类方法，按焊接过程特点可分为熔焊、压焊和钎焊三大类。

1. 熔焊

把焊接局部连接处加热至熔化状态形成熔池，待其冷却结晶后形成焊缝，将两部分材料焊接成一个整体，因两部分材料均被熔化，故称熔焊。熔焊是金属焊接中最主要的一种方法。

2. 压焊

在焊接过程中需要对焊件施加压力（加热或不加热）的一类焊接方法，叫作压焊。

3. 钎焊

利用熔点比母材低的填充金属（成为钎料）熔化后，填入接头间隙并与固态的母材通过扩散实现连接的一类焊接方法，叫作钎焊。

目前常用的焊接方法、特点及应用见表 1.2。

表1.2 常用焊接方法、特点及应用一览表

类别	焊接方法			特点	应用	
熔焊	电弧焊	焊条电弧焊		具有灵活、机动、适用性广泛，可进行全位置焊接；所用设备简单、耐用性好、维护费用低等优点，但劳动强度大，质量不够稳定，决定于操作者水平	在单件、小批、零星、修配中广泛应用，适于焊接3 mm以上的碳钢、低合金钢、不锈钢和铜、铝等非铁合金	
		埋弧焊		生产率高，比手工电弧焊提高5~10倍，焊接质量高且稳定，节省金属材料，改善劳动条件	在大量生产中适用于长直、环形或垂直位置的横焊缝，能焊接碳钢、合金钢以及某些铜合金、厚壁结构	
		气体保护焊	惰性气体保护焊	非熔化极（钨极氩弧焊）	气体保护充分，热量集中，熔池较小，焊接速度快，热影响区较窄，焊接变形小，飞溅少，焊道无熔渣，表面无熔化，成形美观，明弧便于操作，易实现自动化，限于室内焊接	适用于焊接易氧化的铜、钛及其合金，铝、镁，以及不锈钢、耐热钢等稀有金属，钽、铌、锆、钼等	对大于50 mm的厚板不适用
				熔化极（金属极氩弧焊）			对小于3 mm的薄板不适用
			二氧化碳气体保护焊		成本为埋弧焊和手工电弧焊的40%左右，生产率高，质量较好，操作性能好，但大电流时飞溅较大，设备较复杂	广泛应用于造船、机车车辆、起重机、农业机械中的低碳钢和低合金钢结构	
			窄间隙气体保护电弧焊		高效率的熔化极电弧焊，节省金属，限于垂直位置焊接	应用于碳钢、低合金钢、不锈钢、耐热钢、低温钢、厚壁结构等	

表 1.2（续 1）

类别	焊接方法	特点	应用
熔焊	电渣焊	生产率高，任何厚度不开坡口一次焊成，焊缝金属比较纯净，热影响区都宽，晶粒粗大，易产生过热组织，焊后需要进行正火处理以改善其性能	应用于碳素钢、合金钢、大型和重型结构如水轮机、水压机、轧钢机等组合结构的制造，常用于 35~400 mm 或组合结构壁厚结构
	气焊	火焰温度和性质可以调节，与弧焊热源比热影响区宽，热量不如电弧集中，生产率比较低	应用于薄壁结构和小件的焊接，可焊钢、铸铁、铝、铜及其他合金、硬质合金等
	等离子弧焊	除具有氩弧焊特点外，等离子弧能量密度大，弧柱温度高，穿透能力强，能一次焊透双面成形；电流 0.1 A 时，电弧仍能稳定燃烧，并保持良好的挺度和方向性	广泛应用于铜合金、合金钢、钨、钼、钴、钛等金属及钛合金导弹壳体、铝、镍纹管及膜盒、微型电容器、电容器的外壳封接以及飞机和航天装置上的一些薄壁容器的焊接
	电子束焊接	在真空条件下，从电子枪中发射的电子束在高电压（通常为 20～300 kV）加速下，通过电磁透镜聚成高能密度的电子束。当电子束轰击工件时，电子的动能转化为热能，焊束区的局部温度可以骤升到 6 000 ℃以上，使工件材料局部熔化实现焊接，以保证焊缝金属的高纯度、熔深大、焊速快、表面平滑无缺陷，焊缝能量密度大、焊缝区窄、热影响区小、不产生裂纹；热源能单道焊厚件，可防止难熔金属焊接时易产生变形和泄漏，焊接时一般不添加金属，参数可在较宽范围内调节，控制灵活	用于焊接从微型电子电路线件、铝箔盒的焊接到大型的导弹外壳以及设备燃料原子能、原子能异种金属和复杂、真空膜盒的焊接等，由于设备价高，使用维护技术要求高，焊件尺寸受限制等，其应用范围受一定限制

表 1.2（续 2）

类别		焊接方法	特点	应用
熔焊		激光（束）焊接	辐射能量放出迅速，可在大气中焊接，不需真空环境和保护气体；能量集中，热量集中，时间短，热影响区小；密度很高，焊接时不需要与工件接触，比较容易焊接异种材料，但设备有效系数较低、功率较小，焊接厚度受限	特别适用于焊接微型精密、排列非常密集，对受热敏感的焊件。除一段薄壁搭接外，还可焊接细的金属丝材以及导线和金属薄板的搭接，如集成电路内外引线，仪表游丝等的焊接
压焊	电阻焊	点焊	电压低电流大，生产率高，变形小，限于搭接。无须添加焊接材料，易于实现自动化，设备较一般焊接复杂，耗电量大，焊过程中分流现象较为严重	点焊主要适用于焊接各种薄板冲压结构及钢筋，目前广泛用于汽车制造，飞机、车厢等轻型结构。利用悬挂式点焊枪可进行全位焊接。缝焊主要用于制造油箱等要求密封的薄壁结构
		缝焊		
		接触对焊	电阻对焊是将两工件端面始终压紧，用电阻热加热至塑性状态，然后迅速施加顶锻压力（或不加顶锻压力只保持焊接时压力）完成焊接的方法	闪光对焊用于重要工件的焊接，可焊异种金属（铝－钢、铝－铜等），从直径 0.01 mm 金属丝到 20 000 mm 的金属棒，如刀具、钢筋、钢轨等
		闪光对焊		
		摩擦焊	接头组织致密，表面不易氧化，质量好且稳定，可焊金属范围较广，可焊异种金属，焊接操作简单，无须添加焊接材料，易实现自动控制，生产率高，设备简单，电能消耗少	广泛用于圆形工件及管子的对接、板－板的连接，如大直径铜铝导线的连接

表 1.2（续3）

类别	焊接方法	特点	应用
压焊	气压焊	利用火焰将金属加热到熔化状态后加外力使其连接在一起	用于连接圆形、长方形截面的杆件与管子
	扩散焊	焊件紧贴密合，在真空或保护气氛中，在一定温度和压力下保持一段时间，使接触面之间的原子相互扩散完成焊接的一种压焊方法	接头力学性能高；可焊接性能差别大的异种金属，可用来制造双层和多层复合材料；可焊形状复杂的互相接触面与面，代替整锻；焊接变形小
	高频焊	热能高度集中，生产率高，成本低；焊缝质量稳定，焊件变形小；适于连续性高速生产	适于生产有缝金属管；可焊低碳钢、工具钢、钛、镍、铜、异种金属等
	爆炸焊	爆炸焊接好的双金属或多种金属材料，结合强度高，工艺性好，焊后可经冷热加工，操作简单，成本低	适于各种可塑性金属的焊接
钎焊	软钎焊	焊件加热温度低，组织和机械性能变化很小，变形也小，接头平整光滑，工作尺寸精确。软钎焊接头强度较低，硬钎焊接头强度较高。焊前需清洗，装配要求较严	广泛应用于机械、仪表、航空、空间技术所用装配中，如电真空器件、导线、蜂窝和夹层结构，硬质合金等

1.3 常用焊接设备

焊接设备是指实现焊接工艺所需要的装备，包括焊机、焊接工艺装备和焊接辅助器具。焊接时通过加热或加压，或者两者并用，并且用（或不用）填充材料，借助于金属原子的扩散和结合，使分离的材料牢固地连接在一起的加工设备。目前，生产企业常用的焊接设备主要有钨极氩弧焊机、手弧焊机、埋弧焊机、电阻焊机和等离子弧焊机。

1.3.1 钨极氩弧焊

钨极氩弧焊是一种在非消耗性电极和工作物之间产生热量的电弧焊接方式。焊接时保护气体从焊枪的喷嘴中连续喷出，在电弧周围形成保护层隔绝空气，保护电机和焊接熔池以及临近热影响区，以形成优质的焊接接头。

钨极氩弧焊可焊接易氧化的有色金属及其合金、不锈钢、高温合金、钛及钛合金等。钨极氩弧焊能够焊接各种接头形式的焊缝，焊缝优良、美观、平滑、均匀，特别适用于薄板焊接；焊接时几乎不发生飞溅或烟尘；容易观察和操作；被焊工件可开坡口或不开坡口；焊接时可填充焊丝或不填充焊丝。

采用钨极氩弧焊，电弧稳定、热量集中、合金元素烧损小、焊缝的质量高、可靠性高，可以焊接重要构件，可用于核电站、航空及航天工业，是一种高效、优质、经济节能的工艺方法。但钨极氩弧焊焊缝容易受风或外界气流的影响，生产效率低，生产成本较高。根据电流种类，钨极氩弧焊又分为直流钨

图 1.1 钨极氩弧焊机

极氩弧焊、直流脉冲钨极氩弧焊和交流钨极氩弧焊，它们有不同的工艺特点，应用于不同的场合。钨极氩弧焊机见图1.1。

1.3.2　手弧焊

用手工操纵焊条进行焊接的电弧焊方法称为手弧焊，它是利用焊条和焊件之间产生的电弧将焊条和焊件局部加热到熔化状态，焊条端部熔化后的熔滴和熔化的线母材融合在一起形成熔池，随着电弧向前移动，熔池液态金属逐步冷却结晶，形成焊缝。

手弧焊的优点是使用的设备简单，方法简便灵活，适应性强，对大部分金属材料的焊接均适用。缺点是生产率较低，特别是在焊接厚板多层焊时，焊接质量不够稳定；可焊最小厚度为 1.0 mm，一般易掌握的最小焊接厚度为 1.5 mm；对焊工的操作技术要求高，焊接质量在一定程度上决定于焊工的操作技术；对于活泼金属（Ti、Nb、Zr 等）和难熔金属（如 Mo），由于其保护效果较差，焊接质量达不到要求，不能采用手弧焊。另外对于低熔点金属 （如 Pb、Sn、Zn）及其合金，由于电弧温度太高，也不可能用手弧焊。

手弧焊的主要设备是电焊机，电弧焊时所用的电焊机实际上就是一种弧焊电源，按产生电流种类的不同，这种电源可分为弧焊变压器（交流）和直流弧焊发电机及弧焊整流器（直流）。手弧焊适用于碳钢、低合金钢、不锈钢、铜及铜合金等金属材料的焊接。直流电焊机见图1.2，交流电焊机见图1.3。

图 1.2　直流电焊机

图 1.3　交流电焊机

1.3.3 埋弧焊

埋弧焊也称焊剂层下自动电弧焊，是一种生产效率以及自动化和机械化程度较高的、电弧在焊剂下燃烧以进行焊接的熔焊方法。其按照机械化程度可分为自动焊和半自动焊两种。

埋弧焊已有七十多年历史，至今仍是现代焊接生产中生产效率高、应用广泛的熔焊方法之一。由于埋弧焊具有生产效率高、焊缝质量好、熔深大、机械化程度高等特点，在造船、锅炉与压力容器、桥梁、超重机械、核电站结构、海洋结构、武器等部门有着广泛的应用。埋弧焊除了用于金属结构中构件的连接外，还可在基体金属表面堆焊耐磨或耐腐蚀的合金层。随着焊接冶金技术与焊接材料生产技术的发展，埋弧焊能焊的材料已从碳素结构钢发展到低合金结构钢、不锈钢、耐热钢等，以及某些有色金属，如镍基合金、钛合金、铜合金等。

埋弧焊具有机械保护作用好、冶金反应充分、焊缝的化学成分稳定、使用的焊接电流大、焊缝厚度深、可减小焊件的坡口、焊接速度快、焊接质量与对焊工技艺水平的要求比手弧焊低、没有弧光辐射、劳动条件较好等优点。埋弧焊的缺点是只能适用于平焊位置，容易焊偏，薄板焊接难度较大，焊缝的组织易粗大等。

埋弧焊机见图 1.4。

图 1.4 埋弧焊机

1.3.4 电阻焊

电阻焊是将被焊工件压紧于两电极之间，并施以电流，利用电流流经工件接触面及邻近区域产生的电阻热效应将其加热到熔化或塑性状态，使之形成金属结合的一种方法。电阻焊具有生产效率高、成本低、节省材料、易于自动化等特点，因此广泛应用于航空、航天、能源、电子、汽车、轻工等各工业部门，是重要的焊接工艺之一。电阻焊可对碳素钢、合金钢、铝、铜及其合金等进行焊接，焊接结构多为轻型接头。电阻焊方法主要有三种，即点焊、缝焊、对焊。

1. 电阻焊的优点

熔核形成时，始终被塑性环包围，熔化金属与空气隔绝，冶金过程简单；加热时间短，热量集中，故热影响区小，变形与应力也小，通常在焊后不必安排校正和热处理工序；不需要焊丝、焊条等填充金属，以及氧、乙炔、氢等焊接材料，焊接成本低；操作简单，易于实现机械化和自动化，改善了劳动条件；生产率高，且无噪声及有害气体，在大批量生产中，可以和其他制造工序一起编到组装线上。

2. 电阻焊的缺点

目前还缺乏可靠的无损检测方法，焊接质量只能靠工艺试样和工件的破坏性试验来检查，以及靠各种监控技术来保证；点、缝焊的搭接接头不仅增加了构件的质量，且因在两板焊接熔核周围形成夹角，致使接头的抗拉强度和疲劳强度均较低；设备功率大，机械化、自动化程度较高，使设备成本较高、维修较困难，并且常用的大功率单相交流焊机不利于电网的平衡运行。

固定式通用点焊机见图1.5。

图1.5 固定式通用点焊机

1.3.5　等离子弧焊

等离子弧焊是使用惰性气体作为保护气和工作气，利用等离子弧作为热源来加热并熔化母材金属，使之形成焊接接头的熔焊方法。等离子弧焊接可用于焊接碳钢、合金钢、耐热钢、不锈钢、铜及铜合金、钛及钛合金、镍及镍合金、铝及铝合金、镁及镁合金、铍青铜、铝青铜等材料。等离子弧焊与钨极氩弧焊十分相似，与钨极氩弧焊相比有很多优点，如电弧能量集中，因此焊缝深度比大，截面积小；焊接速度快，薄板焊接变形小，焊厚板时热影响区窄；电弧挺度好，稳定性好；由于钨极内缩在喷嘴之内，不可能与焊件接触，因此没有焊缝夹钨问题。但由于需要两股气流，因而使过程的控制和焊枪的构造复杂化，只宜室内焊接，同时由于电弧直径小，要求焊枪喷嘴轴线更准确地对准焊缝。

等离子弧焊机见图 1.6。

图 1.6　等离子弧焊机

第2章 焊接危险源辨识
与事故风险控制

本书所指的焊接作业危险源是指可能造成人员伤害、健康损害、财产损失、作业环境破坏等的根源或状态。能量、有害物质的存在是危险源产生的根源，系统具有的能量越大，存在的有害物质的种类和数量越多，系统中潜在的危险和危害性也就越大。能量、有害物质的失控是事故风险产生的条件，失控主要体现在设备故障、违章作业和管理缺陷等方面。

本章从焊接设备设施、焊接作业和焊接管理三个方面介绍危险源辨识，同时依据国家有关法律法规和标准规定，提出相应的事故风险控制措施。

2.1 焊接设备危险源辨识与事故风险控制

焊接设备由于安全附件失效、电源线破损、接地不良等因素，可能会导致触电、火灾或灼烫等事故的发生。因此，确保焊接设备的完好性和安全性是保证操作者正常开展焊接作业的前提条件，识别焊接设备存在的危险源并采取有效的防范措施加以控制是保障员工生命安全和健康的重要手段。

常见的焊接设备危险源及控制措施见表2.1。

表2.1　焊接设备危险源及控制措施

序号	危险源	可能导致的事故	控制措施
一、线路安装和屏护			
1	焊机、电缆线质量不符合要求，或电焊机外壳PE线与相线不匹配	触电	选用质量合格的电焊机和电缆，按照GB/T 5226.1—2019/IEC 60204-1：2016《机械电气安全　机械电气设备第1部分：通用技术条件》5.2条的要求选用PE线，保障焊机外壳PE线接线正确，连接可靠；加强采购、安装和后期更换维修等各阶段的核验确认
2	长期使用的电源电缆线未固定敷设	触电	按照GB 15579.1—2013/IEC 60974-1：2005《弧焊设备第1部分：焊接电源》10.5电缆固定装置的要求将电缆固定敷设；制定规章制度加强管理和现场监督检查
3	电源线、电缆与电焊机进、出线端未设置防护罩或防护罩破损，人体接触带电部位	触电	按照GB 9448—1999《焊接与切割安全》11.2.4"弧焊设备外露的带电部分必须设置完好的保护，以防人员或金属物体（如：货车、起重机吊钩等）与之相接触"的要求在电焊机进、出线端设置防护罩，确保操作人员不接触带电体；加强作业前检查和日常检查
4	热保护装置和热控制装置缺失或失效	触电、火灾	按照GB/T 15579.6—2018《弧焊设备 第6部分：限制负载的设备》7.1热保护和热控制装置："限制负载的焊接电源应装有两个独立的装置，一个用于热保护，一个用于热控制"的要求加强管理；建立焊接设备日常检查制，并制定详细的检查表，认真落实
5	焊接设备供电回路未实现一机一闸一保护	触电	按照GB 50055—2011《通用用电设备配电设计规范》4.0.1"每台电焊机的电源应符合下列规定：1.手动弧焊变压器或弧焊整流器的电源线应装设隔离电器、开关和短路保护电器。2.自动弧焊变压器、电渣焊机或电阻焊机的电源线应装设隔离电器和短路保护电器。3.隔离电器、开关和短路保护电器应装设在电焊机附近便于操作和维护的地点"的要求，实现一机一闸一漏保。此外，制定规章制度确保按要求执行

表 2.1（续 1）

序号	危险源	可能导致的事故	控制措施
6	焊机电源线安全载流量不满足工况需要，导致电源线发热，绝缘层老化、龟裂，直至带电体裸露、烧损	触电	按照 GB 50055—2011《通用用电设备配电设计规范》4.0.3 条的要求，由专业技术人员正确选择电焊机电源线，确保电源线安全载流量不小于焊机的额定电流，并加强对电源线的日常检查和定期专业检查
7	燃气集配器、焊割具出气口因杂质易造成堵塞、橡胶软管老化、龟裂，导致气体泄漏	火灾爆炸	按照 CB 3438—1992《船舶修理防火、防爆安全要求》5.2.12 "氧气胶管、乙炔胶管在接长或与切割器、减压器连接时，必须牢固、安全可靠，不得有损伤或漏气。对磨损、缺口、裂纹、烧损和零星连接起来的氧气胶管、乙炔胶管禁止使用，使用中的氧气胶管、乙炔胶管不得超过生产厂使用说明书规定的压力值。禁止用明火检查氧气胶管、乙炔胶管是否漏气，也不得用熏烧的绳子点燃焊（割）矩。" 和 CB/T 3969—2005《金属焊割用燃气入舱作业安全规定》7.2 "应至少每半年一次对燃气集配器、焊割器具和橡胶软管进行完好性检查" 和 7.3 "应至少每天两次对燃气集配器和燃气管线进行日常检查" 的要求加强管理，做好日常检查工作
8	焊机未装二次降压保护器和剩余电流动作保护器	触电	按照 GB/T 13955—2017《剩余电流动作保护装置安装和运行》4.4 应安装 RCD 的设备和场所和 4.4.1 末端保护的规定执行。"下列设备和场所应安装末端保护 RCD：a）属于 I 类的移动式电气设备及手持式电动工具；b）工业生产用的电气设备；c）施工工地的电气机械设备；d）安装在户外的电气装置；e）临时用电的电气设备；ꔧ

表 2.1（续 2）

序号	危险源	可能导致的事故	控制措施
8	焊机未装二次降压保护器和剩余电流动作保护器	触电	f）机关、学校、宾馆、饭店、企事业单位和住宅等除壁挂式空调电源插座外的其他电源插座或插座回路"的要求，和 GB 50194—2014《建设工程施工现场供用电安全规范》9.4.6"施工现场使用交流电焊机时宜装配防触电保护器"的要求制定规章制度，确保按要求执行
9	建设工程施工现场使用的焊机一次线长度大于5 m	触电	按照 GB 50194—2014《建设工程施工现场供用电安全规范》9.4.7"电焊机一次侧的电源电缆应绝缘良好，其长度不宜大于 5 m"的规定执行
10	车间内固定使用的焊机一次线长度超过 3 m	触电	按照 AQ/T 7009—2013《机械制造企业安全生产标准化规范》4.2.41.4"当采用焊接电缆供电时，一次线的接线长度应不超过 3 m，电源线不应在地面拖拽使用，且不允许跨越通道"的规定执行
11	二次焊接线绝缘橡皮破损	触电	按照 GB 50194—2014《建设工程施工现场供用电安全规范》9.4.8"电焊机的二次线应采用橡皮绝缘橡皮护套铜芯软电缆，电缆长度不宜大于 30 m，不得采用金属构件或结构钢筋代替二次线的地线"的规定执行
12	焊机输出线与接线端子连接不紧密；长期固定使用的电焊机电源线未穿管敷设	火灾（接触不紧密处打火，引发局部着火）、触电	按照 AQ/T 7009—2013《机械制造企业安全生产标准化规范》4.2.41.1.2"固定使用的电源线应采取穿管敷设；一次侧、二次侧接线端子应设有安全罩或防护板屏护；线路接头应牢固，无烧损。电气线路绝缘完好，无破损、无老化"的要求执行
13	焊接设备配套的气路、水路、油路出现泄漏	触电、火灾	按照 AQ/T 7009—2013《机械制造企业安全生产标准化规范》4.2.41.1.3"焊机所使用的输气、输油、输水管道应安装规范、运行可靠，且无渗漏"的规定执行，并加强作业前的检查确认

表 2.1（续3）

序号	危险源	可能导致的事故	控制措施
14	电源线中间有接头	触电	按照 CB 3786—2012《船厂电气作业安全要求》4.7.1.3"电焊机的一次电源线应采用双层绝缘的多芯橡皮线或橡皮电缆，应装设单独的开关和短路保护。电源线长度不宜超过 5 m，中间不应有接头"的要求加强作业前的检查
15	焊接线接长使用时，未使用焊接电缆耦合装置连接或耦合器连接不良	触电	按照 CB 3786—2012《船厂电气作业安全要求》4.7.1.4"焊接电缆线的外套应完整，绝缘良好。焊接电缆线需要接长时，应使用接头连接器牢固连接，接头不应超过两个，连接处的绝缘应良好。不应用焊钳作为连接部件使用。电焊机的接地线应用焊接电缆进行接地连接"的规定执行；开展培训教育，确保规范作业
16	船上电焊机一次电源线及焊机电源线跨越道路或物品（含金属构件）等情况时，线路未悬空架设	触电	按照 CB 3910—1999《船舶焊接与切割安全》5.1.3"上船放置焊机应设有指定的场所，距离船舷不少于 0.5 m，并应可靠固定，电源线应符合输电安全要求。一次电源线应用橡胶电缆悬空架设，不能与船壳与脚手架相接触，且在船上和船下各备有可靠的电源开关"的规定执行，并加强现场的监督管理
17	氧气、乙炔气管与焊接电缆混绞在一起	触电、火灾、爆炸	按照 CB 3910—1999《船舶焊接与切割安全》5.1.4"氧气软管、乙炔软管、液化气软管与焊接电缆不得混绞在一起，通往舱内的燃气软管与焊接电缆应隔开一定距离"的规定执行，规范使用输气胶管，并加强现场监管
18	焊机输出回路电缆经过通道时缺失保护措施	触电、火灾	按照 GB 9448—1999《焊接与切割安全》11.4.4"构成焊接回路的电缆禁止搭在气瓶等易燃品上，禁止与油脂等易燃物质接触。在经过通道、马路时，必须采取保护措施（如：使用保护套）"的规定执行

表 2.1（续 4）

序号	危险源	可能导致的事故	控制措施
二、外壳防护			
19	电焊机外壳无接地保护	触电	按照 GB 9448—1999《焊接与切割安全》11.3 接地："焊机必须以正确的方法接地（或接零）。接地（或接零）装置必须连接良好，永久性的接地（或接零）应做定期检查。禁止使用氧气、乙炔等易燃易爆气体管道作为接地装置。在有接地（或接零）装置的焊件上进行弧焊操作，或焊接与大地密切连接的焊件（如：管道、房屋的金属支架等）时，应特别注意避免焊机和工件的双重接地"的规定执行
20	焊机单独配设的 PE 导线截面积与相线不匹配	触电、火灾	按照 GB/T 5226.1—2019/IEC 60204-1：2016《机械电气安全 机械电气设备 第 1 部分：通用技术条件》8.2.2 保护导线（体）："每一保护导体应是多芯电缆的一部分"的要求对移动使用和固定位置使用的电焊机的输入电缆进行选型和安装
21	电焊机输出端子内部接头松动	触电、火灾	接线端子处采使用弹簧垫片防松，并定期进行检查。按照 GB 9448—1999《焊接与切割安全》11.5.2 连线的检查："完成焊机的接线之后，在开始操作设备之前必须检查一下每个安装的接头以确认其连接良好"的规定执行
22	焊机带电体与外壳的绝缘电阻低于 2.5 MΩ	触电	按照 GB 10235—2012《弧焊电源防触电装置》7.13 绝缘电阻："与输入（出）电压相连的带电部件各极之间、各极连接在一起与外壳之间的绝缘电阻不应低于 2.5 MΩ"的规定执行
23	交流电压大于 42 V、直流电压大于 48 V 的区域未设置防护挡板	触电	按照 GB 15578—2008《电阻焊机的安全要求》6.2.2 外壳防护："电阻焊机或控制器中暴露在外，而且易于人体接触的电路，其电压不应超过交流 42 V，直流 48 V"的要求加强日常检测和检查

表 2.1（续 5）

序号	危险源	可能导致的事故	控制措施
24	焊机 PE 线无"≟"接地标志	触电	按照 GB/T 5226.1—2019《机械电气安全 机械电气设备 第 1 部分：通用技术条件》5.2 连接外部保护导线（体）的端子："每个引入电源点，连接外部保护接地系统或外部保护导线（体）的端子应加标志或用字母 PE 标记"的要求设置接地标志，便于操作人员巡检
25	设备外壳防护等级低于使用环境要求	触电	按照 AQ/T 7009—2013《机械制造企业安全生产标准化规范》4.2.41.2.1"设备外壳防护等级一般不得低于 IP21；户外使用的设备不得低于 IP23，当不能满足场所安全要求时，还应采取其他防护措施"的规定执行，并开展作业前检查
26	绝缘电阻过小，不满足安全标准或未定期进行绝缘电阻检测	触电	开展日常检测和定期检测工作，确保焊机符合 AQ 7007—2013《造修船企业安全生产技术规范》6.7.3"焊接变压器一、二次绕组，绕组与外壳间绝缘电阻值不小于 1 MΩ"的要求。严禁使用不达标设备
27	电焊机裸露的带电部分缺少安全防护罩	触电	按照 CB 3786—2012《船厂电气作业安全要求》4.7.1.2"电焊机应有良好的绝缘和可靠的保护接地或保护接零装置。对于固定工位的电焊机，其裸露的带电部分应有安全防护罩"的规定执行
28	焊接设备未按要求开展绝缘检测	触电	按照 AQ/T 7009—2013《机械制造企业安全生产标准化规范》4.2.41.3.1"焊接变压器的一次对二次绕组，绕组对地（外壳）的绝缘电阻值应大于 1 MΩ。"4.2.41.3.2"电阻焊机或控制器中电源输入回路与外壳之间，变压器输入、输出回路之间绝缘应大于 2.5 MΩ；控制器中不与外壳相连，且交流电压高于 42 V 或直流电压高于 48 V 的回路，外壳的绝缘电阻应大于 1 MΩ。"4.2.41.6.1"夹持装置应确保夹紧焊条或工件，且有良好绝缘和隔热性能，绝缘电阻应大于 1 MΩ"的要求，经确认设备正常方可使用；定期开展检测和日常检查，同时做好记录和标识

表 2.1（续 6）

序号	危险源	可能导致的事故	控制措施
29	接地线连接不可靠或接触电阻较大或未连接接地线	触电	按照 CB 3910—1999《船舶焊接与切割安全》4.1.2"操作前应检查电源线和焊接电缆是否良好，启动开关（包括保险丝）等是否正常，接地螺栓或接地线是否连接良好"的规定执行；加强作业前检查
30	多台焊机接地线串联后与主干 PE 或接地极连接或接地线截面积不足	触电	按照 CB 3910—1999《船舶焊接与切割安全》4.2.1"多台焊机接地时应用并联接法，严禁使用串联接法。铜线接地线其截面积应不小于 14 mm²，必须将接地线用螺帽拧紧"的规定执行；制定规章制度确保按要求执行
31	保护性接地导线截面积小于标准要求	触电、火灾	按照 CB 3910—1999《船舶焊接与切割安全》4.2.3"在三相四线制供电系统中，电焊机外壳必须进行保护性接零，用于接零的导线其截面积大于相应相线截面积的 1/2"的规定执行；加强日常检查
32	室外焊机受潮，绝缘阻值不满足安全要求	触电	按照 CB 3910—1999《船舶焊接与切割安全》5.1.2"船台上放置焊机时应备有防护罩，防止潮湿、日晒和下落物等，以防损坏焊机"的规定执行；加强日常检查
三、焊接回路			
33	焊接回路电缆绝缘电阻小于 1 MΩ	触电	按照 GB 9448—1999《焊接与切割安全》11.4.2"构成焊接回路的电缆外皮必须完整、绝缘良好（绝缘电阻大于 1 MΩ），用于高频高压振荡器设备的电缆，必须具有相应的绝缘性能"的要求组织开展定期检测和日常检查
34	焊机的供电电缆中间接头包扎不良，绝缘等级不足。焊接电缆中间接头未使用耦合器连接	触电	按照 GB 9448—1999《焊接与切割安全》11.4.3"焊机的电缆应使用整根导线，尽量不带连接头，需要接长导线时，接头处要连接牢固、绝缘良好"的规定执行；加强日常检查

表 2.1（续 7）

序号	危险源	可能导致的事故	控制措施
35	焊接电缆局部绝缘破损	触电	按照 GB 9448—1999《焊接与切割安全》11.6.3 焊接电缆："焊接电缆必须经常进行检查。损坏的电缆必须及时更换或修复。更换或修复后的电缆必须具备合适的强度绝缘性能、导电性能和密封性能，电缆的长度可根据实际需要连接，其连接方法必须具备合适的绝缘性能"的规定执行；加强日常检查，发现问题及时处理
36	焊机二次线温升过高，导致导线护套碳化	触电、火灾	按照 GB 15579.12—2012《弧焊设备 第 12 部分：焊接电缆耦合装置》8.1 温升："耦合装置按表 1 的规定装配最大截面积的不镀锡的铜电缆，在正常插接并通以额定电流时，其温升不超过以下限值：a) 外表面最热点：40 K；b) 焊接电缆与耦合装置的连接处：45 K。"的规定执行。对于电阻焊机按照 GB 15578—2008《电阻焊机的安全要求》7.3.2 焊接回路："人体易于触及的焊接回路及其零部件（电极除外）的温升限值应不超过 60 K"的规定执行。加强作业过程中的检查，发现焊机及其附件温升异常立即停止使用
37	电焊机输出导线的耦合接头处绝缘套破损。二次回路接点超过 3 个	触电、火灾	按照 AQ/T 7009—2013《机械制造企业安全生产标准化规范》4.2.41.5.2 "二次回路宜直接与被焊工件直接连接或压接。二次回路接点应紧固，无电气裸露，接头宜采用电缆耦合器，且不超过 3 个。电阻焊机的焊接回路及其零部件（电极除外）的温升限值不应超过允许值"的规定执行；加强日常检查

表 2.1（续 8）

序号	危险源	可能导致的事故	控制措施
38	在三相五线制系统中采用剩余电流断路器作为保护装置时，零线未经过保护装置，导致线路中出现漏电电流时，剩余电流断路器不动作	触电	按照 GB/T 13955—2017《剩余电流动作保护装置安装和运行》6.3 安装 RCD 的施工要求："d）RCD 安装时，应严格区分 N 线和 PE 线，三极四线式或四极四线式 RCD 的 N 线应接入保护装置。通过 RCD 的 N 线，不得作为 PE 线，不得重复接地或接设备外露可接近导体。PE 线不得接入 RCD"的规定执行
39	利用厂房结构架作为回路导线	触电	按照 GB/T 15579.9—2017/IEC 60974-9：2010《弧焊设备 第 9 部分：安装和使用》4.3.4 焊接电源与工件间的连接。"当焊接电流不能完全通过焊接回路，产生有杂散电流时，会引起危险，应通过下列方式消除：a) 焊接电源和工件之间尽可能采用具有足够导电能力的、带绝缘的回流电缆直接连接；b) 外部导体部件，如金属栏杆、管道和框架，不应作为焊接回路，除非它本身是工件的组成部分"的规定执行
四、夹持装置			
40	焊钳绝缘部件缺损	触电	按照 GB 9448—1999《焊接与切割安全》11.5.7.4 焊钳和焊枪："焊钳必须具备良好的绝缘性能和隔热性能，并且维修正常。如果枪体漏水或渗水会严重威胁焊工安全时，禁止使用水冷式焊枪"的规定执行；加强教育培训，确保操作者按要求规范作业
41	因吊点不准确，平衡装置不可靠，焊接设备倾翻，导致物体打击及设备损坏	触电、物体打击	按照 AQ/T 7009—2013《机械制造企业安全生产标准化规范》4.2.41.6.3"悬挂式电阻焊机吊点应准确，平衡保护装置应可靠"的规定执行；加强教育培训，制定操作规程，确保作业人员规范操作

表 2.1（续 9）

序号	危险源	可能导致的事故	控制措施
42	自制弧焊钳不符合现行国标要求	触电	加强电焊钳的管理，确保供应商提供的产品符合 GB 15579.11—2012 的要求。开展自制弧焊焊钳达标测试和检查，对达不到 GB 15579.11—2012《弧焊设备 第 11 部分：电焊钳》规定的操作、防触电保护、绝缘电阻、介电强度、热额定值、机械要求、标志等多项要求的自制焊钳，不允许流入生产现场，不允许投入不使用
43	自制电焊钳缺少安全、快捷装上和取下剩余的焊条残段的夹紧和放开装置	触电、灼烫	按照 GB 15579.11—2012《弧焊设备 第 11 部分：电焊钳》7 操作："电焊钳应能：a）安全、快速地装上焊条和取下剩余的焊条残段；b）在任一规定的部位夹持焊条，均可使其焊到只剩下 50 mm 长；c）在操作者不施加任何外力的情况下，夹紧制造商所规定的各种规格直径的焊条；d）焊条与工件粘接在一起时，能将焊条脱离工件"的规定执行；加强日常检查和管理
44	焊钳钳口处绝缘体破损，焊把接线端口存在裸露的金属导线	触电	按照 GB 15579.11—2012《弧焊设备 第 11 部分：电焊钳》8.1 防直接接触："电焊钳在不夹持焊条而只装配制造商规定的最小截面积的焊接电缆时，应能防止意外触及其带电部分"的规定执行；加强日常检查
45	自制焊钳手柄绝缘、钳口绝缘防护、温升参数等超标，不符合国家安全标准要求	触电、灼烫	按照 CB 3786—2012《船厂电气作业安全要求》4.7.1.5 "电焊钳应符合安全要求，钳口、手柄应完整无损，绝缘应良好"的规定执行；加强日常检查

表 2.1（续10）

序号	危险源	可能导致的事故	控制措施
46	焊钳手柄处焊接电缆未深入到焊把内	触电	按照 GB 15579.11—2012《弧焊设备 第 11 部分：电焊钳》10.2 焊接电缆绝缘嵌入深度："焊接电缆的绝缘部分进入电焊钳的深度至少为电缆外径的两倍，但最少为 30 mm"的要求加强日常检查，及时修正焊接电缆绝缘嵌入深度不足的问题
47	电焊钳部分绝缘装置损坏后，自装的替代品不能承受高热	触电、灼烫、火灾	按照 GB 15579.11—2012《弧焊设备 第 11 部分：电焊钳》9.3 耐焊接飞溅物："手柄的绝缘材料应能承受热物体和正常量的焊接飞溅物而不致于燃烧或变得不安全。""电焊钳的所有零部件在正常工作条件下应不会引起燃烧的危险"的规定执行；加强日常检查和替代品选型
五、辅助装置			
48	使用的橡胶软管不符合国标要求；橡胶软管承压不满足要求；橡胶软管破损、老化、龟裂，导致气体泄漏	火灾爆炸	按照 GB/T 2550—2016《气体焊接设备 焊接、切割和类似作业用橡胶软管》7.1.1 一般软管。"软管应包括：a）最小厚度为 1.5 mm 的橡胶内衬层；b）采用适当工艺铺放的增强层；c）最小厚度为 1.0 mm 的橡胶外覆层。"9.3.1"氧气软管的不燃性要求"及 10"软管颜色和气体标识"的规定加强采购管理，确保供应商提供的产品符合国家现行标准要求
49	软管接头选择与软管不匹配，造成气体泄漏	火灾爆炸	按照 GB/T 5107—2008《气焊设备 焊接、切割和相关工艺设备用软管接头》8.1 标记："软管接头上应有被连接胶管内径和制造商标记"的规定执行
50	瓶体上未明确标注瓶内介质成分，瓶体漆色脱落	火灾爆炸	按照 GB 9448—1999《焊接与切割安全》10.5.2 气瓶的标志的规定，开展气瓶进场前的验收与确认，拒收不符合标准的气瓶，杜绝使用标识模糊不清的气瓶"

表 2.1（续11）

序号	危险源	可能导致的事故	控制措施
51	紧急停止、紧急断开功能操作的"紧急停止"开关、手柄或按钮等组件的颜色不正确	触电	在更换焊接设备的紧急停止、紧急断开功能操作的"紧急停止"开关、手柄或按钮等组件的操作件时，严格执行 GB 15578—2008《电阻焊机的安全要求》12 紧急停止操作件的颜色："电阻焊机如果配备有用于执行紧急停止、紧急断开功能操作的'紧急停止'开关、手柄或按钮等操作件的颜色必须是'红色'，其他操作件的颜色不允许用红色"的规定；加强教育培训和日常检查
52	带电部位与送丝装置未采用绝缘措施	触电	认真落实 GB 15579.5—2013/IEC 60974-5：2007《弧焊设备 第 5 部分：送丝装置》6.3.2 焊接回路与机架之间的绝缘："焊接时有可能带电的部分（如：填充丝、焊丝盘、送丝轮）应与送丝装置的机架或其他采用基本绝缘的构件绝缘"的规定；加强日常检查
53	焊机检查记录表中缺失绝缘检测记录	触电	按照 GB 15579.4—2014/IEC 60974-4：2010《弧焊设备 第 4 部分：周期检查和试验》7.1 检验报告。"检验报告应包括：a) 所测试的弧焊设备的型号；b) 检验日期；c) 输入电压；d) 检验结果；e) 检测机构及测试人员的签字；f) 检验所用的设备。设备维修后的检验报告应包括表 1 规定的所有检验项目，否则，应对未进行的检验项目作说明。"和 GB 15579.11—2012《弧焊设备 第 11 部分: 电焊钳》8.2 绝缘电阻："电焊钳经湿热处理后的绝缘电阻应不低于 1 MΩ"的规定执行

表 2.1（续12）

序号	危险源	可能导致的事故	控制措施
54	焊接电缆耦合器止动装置失效	触电	按照 GB 15579.12—2012《弧焊设备 第12部分：焊接电缆耦合装置》9.1 止动装置："止动装置或自锁紧装置应能防止耦合装置由于受轴向拉力而发生意外松脱"的规定执行；加强日常检查和维护保养
55	使用不匹配的耦合器，造成耦合器绝缘电阻击穿、烧损，导致触电事故	触电	按照 GB 15579.12—2012《弧焊设备 第12部分：焊接电缆耦合装置》10 标志："应将以下内容清晰而持久地标注在每个耦合装置上：a）制造商、销售商、进口商的名称或注册商标；b）允许的焊接电缆最大截面积；c）允许的焊接电缆最小截面积；d）引弧和稳弧电压的额定峰值（如适用）；e）本部分编号，并确认耦合装置符合其规定"的规定执行；加强管理，确保使用的耦合器满足规范要求
56	气瓶暴晒或意外受热	火灾爆炸	按照 GB/T 34525—2017《气瓶搬运、装卸、储存和使用安全规定》9.2 "气瓶操作人员应保证气瓶在正常环境温度下使用，防止气瓶意外受热：a）不应将气瓶靠近热源，安放气瓶的地点周围 10 m 范围内，不应进行有明火或可能产生火花的作业（高空作业时，此距离为在地面的垂直投影距离）；b）气瓶在夏季使用时，应防止气瓶在烈日下暴晒"的规定执行；加强现场安全管理
57	焊接用橡胶软管未按标准要求布设，焊接用橡胶软管随意沿地面或其他构件表面敷设，未设置保护措施或敷设在专用架上	火灾爆炸	按照 CB/T 3969—2005《金属焊割用燃气入舱作业安全规定》5.2 "橡胶软管应搭设在船舷或横穿甲板的专用线架上"的规定执行；加强现场监督管理

表 **2.1**（续13）

序号	危险源	可能导致的事故	控制措施
58	未用专业接头连接或用铁丝捆扎易造成软管破损，从而导致气体泄漏	火灾爆炸	严格执行 CB/T 3969—2005《金属焊割用燃气入舱作业安全规定》5.3"橡胶软管连接处应用专用接头连接并捆扎牢固，不应泄漏"的规定，并加强现场检查。
59	悬挂使用的送丝机外壳未与悬挂装置形成电气绝缘	触电	按照 GB 15579.5—2013/IEC 60974-5：2007《弧焊设备　第5部分 送丝装置》6.11 吊运装置的绝缘"如果焊接过程中送丝装置需要悬挂起来，则悬挂装置应与送丝装置的外壳电气绝缘"的规定执行
60	乙炔瓶未配用干式回火防止器。冬季施工时，因流速过高，湿式回火防止器易结冰，影响正常使用	火灾爆炸	按照 CB 3910—1999《船舶焊接与切割安全》3.1.4.3"回火防止器阀门应定期检查，不准使用有漏气的乙炔阀。冬季施工时，应对湿式回火防止器采取防冻措施（如加入适量的食盐等）"的规定执行；按照 TSG 23—2021《气瓶安全技术规程》8.6.9 安全用气使用说明。"（3）在可能造成气体回流的瓶装气体使用场合，用气设施上应当配置防止倒灌的装置，如单向阀、止回阀、缓冲罐等"的规定执行
61	开启过快或超过1½圈时，乙炔气体流速过快，易产生静电引起燃爆	火灾爆炸	定期组织安全操作技能培训，加强日常检查，严格执行 GB 9448—1999《焊接与切割安全》10.5.5.3 乙炔气瓶的开启："开启乙炔气瓶的瓶阀时应缓慢，严禁开至超过1½圈，一般只开至3/4圈以内以便在紧急情况下迅速关闭气瓶"的规定执行

表 **2.1**（续14）

序号	危险源	可能导致的事故	控制措施
62	乙炔软管未用红色专用软管，氧气软管未用蓝色专用软管	火灾爆炸	按照 GB/T 2550—2016《气体焊接设备 焊接、切割和类似作业用橡胶软管》10.2 颜色标识："乙炔气体橡胶软管选用红色软管；氧气橡胶软管选用蓝色软管"和 10.3 标志："选用带有 GB/T 2550 标准要求标志的橡胶软管"的规定执行；加强采购与验收管理，确保供应商提供的产品符合国家现行标准要求

2.2　焊接作业危险源辨识与事故风险控制

在焊接作业过程中，焊接作业人员需要经常接触电气装置，同时会接触作业环境中可能存在的电焊烟尘、热辐射、电焊弧光等职业病危害因素，特别是在容器、管道、船舱、锅炉内和钢结构架上的焊接操作。作业环境还存在一氧化碳、硫化氢等有毒有害气体，在一定的条件触发下可能会导致触电、灼烫、物体打击、火灾爆炸、高处坠落、中毒和窒息、电焊烟尘、电焊弧光等事故的发生。

常见的焊接作业危险源辨识与控制措施见表 2.2。

表2.2　焊接作业危险源辨识与控制措施

序号	危险源	可能导致的事故	控制措施
一、作业过程			
1	封闭空间的焊接电源分合闸时产生的电火花，极易引爆密闭空间内形成的混合气体	触电、火灾爆炸	按照 GB 9448—1999《焊接与切割安全》7.2.1 "在封闭空间内实施焊接及切割时，气瓶及焊接电源必须放置在封闭空间的外面"的规定执行；加强作业前、作业中和作业后的监督管理

表 2.2（续 1 ）

序号	危险源	可能导致的事故	控制措施
2	使用厂房金属结构、金属构件、管道、设备金属外壳等可导电部分做焊接回路	火灾	按照 GB 9448—1999《焊接与切割安全》11.4.5 "能导电的物体（如：管道、轨道、金属支架、暖气设备等）不得用做焊接回路的永久部分。但在建造、延长或维修时可以考虑作为临时使用，其前提是必须经检查确认所有接头处的电气连接良好，任何部位不会出现火花或过热。此外，必须采取特殊措施以防事故的发生。锁链、钢丝绳、起重机、卷扬机或升降机不得用来传输焊接电流"的规定执行
3	在密闭空间内长期放置不使用的焊、割炬，且不拆除供气软管	火灾爆炸	按照 CB 3910—1999《船舶焊接与切割安全》3.2.1 "在舱室内，封闭容器、箱及柜等构件从事气焊和气割时，应使用防爆灯或安全电压的照明灯，注意通风良好，并严禁使用氧气作通风气流或降温措施，工作前应尽量在舱室或容器外点火调试，如在中途有较长时间停止工作时，应将焊、割炬连同通气软管从舱室、封闭容器、箱及柜等构件中取出放在空气流动的敞开部位。在狭舱内工作时，要同时有二名气焊工，以便监护"的规定执行
4	供气阀门关闭不严，导致气体泄漏	火灾爆炸	按照 CB 3910—1999《船舶焊接与切割安全》3.2.3 "交接班、停止焊接及离开工作场所时应关闭好氧气和乙炔的阀门，应将氧气和乙炔软管脱离气源；离开工作场所时，应仔细检查工作现场以防火灾"的规定执行

表 2.2（续 2）

序号	危险源	可能导致的事故	控制措施
5	系岸船舶船上焊接作业时，借助海水或其他物体作为接地线	触电	按照 CB 3910—1999《船舶焊接与切割安全》4.2.4"在系岸船舶焊接工作时，接地线严禁通过海水或其他物体连接，将接地线用电缆直接接在该船的船壳上，船壳再与陆地用电缆线相连接"的规定执行
6	焊钳与焊件接触时启动或关闭焊接设备	触电	严格按照 CB 3910—1999《船舶焊接与切割安全》5.1.6"启动或关闭焊机时，焊钳与焊件不能接触"的规定执行，禁止在焊钳与焊件接触的情况下启动或关闭焊接设备
7	在恶劣天气进行露天焊接时，未采取防护措施，狭窄舱内没有通风装置	触电、火灾爆炸、窒息	严格按照 CB 3910—1999《船舶焊接与切割安全》5.2.1"在恶劣天气进行露天焊接时，必须采取防风、防雨、防雪以及防滑等可靠措施，否则应停止工作；在狭窄舱内工作时，必须设有通风装置的规定"的规定执行
8	长距离拖动带电电缆	触电	按照 CB 3910—1999《船舶焊接与切割安全》5.2.6"在船上舱内工作时，应先将焊接电缆、氧气和乙炔软管拉到工作场所后，再开动电焊机、氧气和乙炔供气阀。严禁带电的电缆线作长距离拖动"的规定执行
9	在未经泄压、清洗置换、检测的容器和管道上进行焊接、切割、气刨和打磨作业	火灾爆炸、中毒和窒息	按照 CB 3910—1999《船舶焊接与切割安全》6.4"在从事压力容器或压力管道等焊接、切割作业前，必须泄压并排除管道内的易燃品和毒品或有害气体，经检查确认合格后，才准进行焊接、切割、气刨和打磨作业"的规定执行

表 2.2（续 3）

序号	危险源	可能导致的事故	控制措施
10	有限空间内可燃气体浓度高于爆炸下限的20%以上；有限空间内存在，并不断产生可燃气体，但未配置通风系统或通风设备不具备相应等级的防爆功能	火灾爆炸、中毒和窒息	按照 CB 3910—1999《船舶焊接与切割安全》6.8 "修船中进入封闭舱室进行焊接、切割等气刨等作业之前，必须事先进行清舱排气，使舱内可燃气体的浓度低于爆炸下限的20%，并经检查确认合格，舱内作业区含氧量应高于18%"的规定执行
11	使用老化、破损漏气的橡胶软管或气割工具；使用的射吸式气割工具的射吸功能损坏	爆炸	按照 CB/T 3969—2005《金属焊割用燃气入舱作业安全规定》6.1. "作业人员应对焊割器具和橡胶软管进行检查，确保无泄漏"的要求对胶管的气密性进行检查。按照GB 9448—1999《焊接与切割安全》10.2 焊炬及割炬："……点火之前，操作者应检查焊、割炬的气路是否通畅、射吸能力、气密性等等"的要求，对焊炬、割炬进行射吸性能检查及气密性试验
12	作业结束后未关闭主机	触电	按照 GB 9448—1999《焊接与切割安全》11.5.4 工作中止："当焊接工作中止时（如：工间休息），必须关闭设备或焊机的输出端或者切断电源"的规定执行；加强作业过程的管理
13	在有 PE 线装置的焊件上进行电焊操作时，未拆除 PE 线	触电	按照 AQ/T 7009—2013《机械制造企业安全生产标准化规范》4.2.41.5.4 工作中止："禁止搭载或利用厂房金属结构、管道、轨道、设备可移动部位，以及 PE 线等作为焊接二次回路。在有 PE 线装置的焊件上进行电焊操作时，应暂时拆除 PE 线"的规定执行

表 2.2（续 4）

序号	危险源	可能导致的事故	控制措施
14	电焊作业期间，带负荷切断电源	灼烫	按照 CB 3910—1999《船舶焊接与切割安全》4.3.2 "任何电焊机都不准在有负荷的情况下推拉电门，以防发生电弧烧伤事故" 的规定执行
二、作业环境			
15	焊接设备、电缆及相关器具放置不规范	触电、物体打击、火灾爆炸	按照 GB 9448—1999《焊接与切割安全》4.1.1 设备："焊接设备、焊机、切割机具、钢瓶、电缆及其他器具必须放置稳妥并保持良好的秩序，使之不会对附近的作业或过往人员构成妨碍" 和 GB/T 12801—2008《生产过程安全卫生要求总则》5.7.5 作业区组织的原则。"a) 作业区的布置应保证人员有足够的安全活动空间。设备、工机具、辅助设施的布置，生产物料、产品和剩余物料的堆放，人行道、车行道的布置和间隔距离，都不应妨碍人员工作和造成危害" 的规定执行
16	未在指定区域内作业，未采取有效的防护措施且未获取动火审批，盲目作业导致火灾事故	触电、火灾爆炸	按照 GB 9448—1999《焊接与切割安全》6.2 指定的操作区域："焊接及切割应在为减少火灾隐患而设计、建造（或特殊指定）的区域内进行。因特殊原因需要在非指定的区域内进行焊接或切割操作时，必须经检查、核准" 的规定执行
17	未辨识火灾风险隐患，盲目动火作业	火灾爆炸	按照 GB 9448—1999《焊接与切割安全》6.3 放有易燃物区域的热作业条件："焊接或切割作业只能在无火灾隐患的条件下实施" 的规定执行

表 2.2（续 5）

序号	危险源	可能导致的事故	控制措施
18	动火作业场所周围有易燃易爆炸物品，易造成火灾	火灾爆炸	按照下列标准要求采取防火措施： 一、AQ 7007—2013《造修船企业安全生产技术规范》6.7.7 "焊机使用场所清洁，无严重粉尘，周围无易燃易爆物。" 二、CB 3910—1999《船舶焊接与切割安全》 6.1 船舶在喷涂油漆和舱内木工作业时，划定的禁火区内严禁进行焊接、切割和气刨作业。 6.2 舱室内在喷涂油漆及涂敷后，必须经测爆检查并确认合格，才能进行焊接、切割和气刨作业。 6.3 在修理油轮的油舱、电池舱、油柜、油箱及输油管道等类似部位时，必须经有关测爆检查并确认合格，才能进行焊接、切割、气刨和打磨作业，对焊割管子的两端应敞开。 6.4 在从事压力容器或压力管道等焊接、切割作业前，必须泄压并排除管道内的易燃品和毒品或有害气体，经检查确认合格后，才准进行焊接、切割、气刨和打磨作业。 6.5 在修船作业中若工作周围环境无法进行事先检查，如因人孔、舱口盖以及门上锁不能进入舱、柜和居住室等，则不得进行焊接、切割和气刨作业，遇到此类情况工人有权拒绝操作。 7.8 登高焊、割作业的下方应在周围 10 m 内禁止喷涂油漆，存放易燃易爆物品或停留闲散人员，并作标志；如难以做到上述要求，应增加屏蔽或接火花装置

表 2.2（续 6）

序号	危险源	可能导致的事故	控制措施
18	动火作业场所周围有易燃易爆炸物品，易造成火灾	火灾爆炸	三、GB 9448—1999《焊接与切割安全要求》 6.3 放有易燃物区域的热作业条件焊接或切割作业只能在无火灾隐患的条件下实施。 6.3.1 转移工件 有条件时，首先要将工件移至指定的安全区进行焊接。 6.3.2 转移火源 工件不可移时，应将火灾隐患周围所有可移动物移至安全位置。 6.3.3 工件及火源无法转移 工件及火源无法转移时，要采取措施限制火源以免发生火灾，如： a）易燃地板要清扫干净，并以撒水、铺盖湿沙、金属薄板或类似物品的方法加以保护； b）地板上的所有开口或裂缝应覆盖或封好，或者采取其他措施以防地板下面的易燃物与可能由开口处落下的火花接触。对墙壁上的裂缝或开口、敞开或损坏的门、窗亦要采取类似的措施
19	将焊接设备电气控制开关、焊接设备放置在具有易挥发的油气及泄漏的可燃性气体的场所内	触电、火灾爆炸	按照 CB 3910—1999《船舶焊接与切割安全》8.2.3 "焊接设备应放置在远离机舱、油舱和氧气瓶、乙炔瓶等贮存部位"的规定执行；加强日常监督检查和作业过程中的检测

表 2.2（续 7）

序号	危险源	可能导致的事故	控制措施
20	燃气集配器和氧气集配器布置在舱内	火灾爆炸	按照 CB/T 3969—2005《金属焊割用燃气入舱作业安全规定》5.1 "燃气集配器应布置在舱外的露天通风处，不应放置在船舱中或燃气有可能产生积存的地方，与氧气集配器的距离应不小于 5 m"的规定执行；加强日常监督检查和作业过程中的检测
三、劳动防护			
21	焊接作业过程中未采取隔离保护措施	灼烫	按照 GB 9448—1999《焊接与切割安全》4.1.3 防护屏板："为了防止作业人员或邻近区域的其他人员受到焊接及切割电弧的辐射及飞溅伤害，应用不可燃或耐火屏板（或屏罩）加以隔离保护"的规定执行
22	防护面罩破损严重，作业人员未配备护目镜等劳动防护用品	灼烫、物体打击	按照 GB 9448—1999《焊接与切割安全》4.2.1 眼睛及面部防护："作业人员在观察电弧时，必须使用带有滤光镜的头罩或手持面罩，或佩戴安全镜、护目镜或其他合适的眼镜。辅助人员亦应配戴类似的眼保护装置"的规定执行
23	穿戴质量不符合要求的防护服，导致防护服烧损，皮肤被灼伤	触电、灼烫	按照 GB 9448—1999《焊接与切割安全》4.2.2.1 防护服："防护服应根据具体的焊接和切割操作特点选择。防护服必须符合 GB 15701 的要求，并可以提供足够的保护面积"的规定执行
24	焊工现场开展焊接作业，未佩戴耐火防护手套	触电、灼烫	按照 GB 9448—1999《焊接与切割安全》4.2.2.2 手套："所有焊工和切割工必须佩戴耐火的防护手套"的规定执行

表 2.2（续 8）

序号	危险源	可能导致的事故	控制措施
四、职业健康			
25	焊接作业场所未配置必要的通风设施或通风换气能力不足,导致烟尘集聚	中毒和窒息	按照 GB 9448—1999《焊接与切割安全》5.1 充分通风:"为了保证作业人员在无害的呼吸氛围内工作, 所有焊接、切割、钎焊及有关的操作必须要在足够的通风条件下(包括自然通风或机械通风)进行"的规定执行;加强建设项目"三同时"管理,确保职业病防护设施落实到位有效;加强对职业病防护设施的日常检查和维修保养
26	焊接人员处于焊接通风系统的下风口	中毒和窒息	按照 GB 9448—1999《焊接与切割安全》5.2 防止烟气流:"必须采取措施避免作业人员直接呼吸到焊接操作所产生的烟气流"的规定执行;加强作业人员的培训教育和现场的监督管理
27	自动焊接设备电焊烟尘净化装置缺失;焊接操作中未使用电焊烟尘抽尘净化装置;通风管拆损;通风设备风管和软连接坏损,检修不及时;电焊烟尘抽尘净化装置风筒坏损维修不及时	中毒和窒息	按照 AQ 4214—2011《焊接工艺防尘防毒技术规范》4.8 "应定期对焊接作业场所尘毒有害因素进行检测,并对通风排尘装置和其他卫生防护装置的效果进行评价,焊接防尘防毒通风设施不得随意拆除或停用"的规定执行;加强日常检查和监督管理

2.3　焊接管理危险源识别与事故风险控制

安全管理贯穿焊接作业的全过程,本节主要结合生产现场实际,介绍相关方和现场应急救援管理方面的风险识别与控制。

常见的焊接现场安全风险管理与控制措施见表2.3。

表2.3　焊接现场安全风险管理与控制措施

序号	危险源	可能导致的事故	控制措施
一、相关方管理			
1	施工单位未明确焊接责任人，现场使用的小型焊机，一次线防护失效，没有接地保护措施，气瓶已超过检定周期	触电、爆炸	按照 GB 50236—2011《现场设备、工业管道焊接工程施工规范》3.0.3 "监理单位和总承包单位应配备有焊接责任人员"的规定执行；加强对相关方的管理
二、应急救援管理			
2	在有火灾隐患的作业场所，未采取防护措施及现场清理	火灾	按照 GB 9448—1999《焊接与切割安全》6.3 放有易燃物区域的热作业条件："焊接或切割作业只能在无火灾隐患的条件下实施"的规定执行；加强作业前的检查确认
3	焊接作业区未配备足够的灭火器材	火灾	按照 GB 9448—1999《焊接与切割安全》6.4.1 灭火器及喷水器："在进行焊接及切割操作的地方必须配置足够的灭火设备"的规定执行；加强对灭火器材的配置和管理
4	焊接作业岗位缺少有毒有害物质危害性、预防措施和应急处理措施的指示牌、警示牌	电焊烟尘、电焊弧光	按照 AQ 4214—2011《焊接工艺防尘防毒技术规范》10.1 "焊接作业岗位应在显著位置设置指示牌，说明有毒有害物质危害性、预防措施和应急处理措施"的规定执行

表 2.3（续）

序号	危险源	可能导致的事故	控制措施
5	因风险标识不清，且未设置事故通风装置及与其连锁的自动报警装置	中毒和窒息	按照 AQ 4214—2011《焊接工艺防尘防毒技术规范》10.2"对焊接过程中可能突然逸出大量有害气体或易造成急性中毒的作业场所，应设置事故通风装置及与其联锁的自动报警装置，其通风换气次数应不小于 12 次 /h"的规定执行；加强建设项目"三同时"管理，确保职业病防护设施落实到位；加强作业场所职业病危害因素的日常检查和定期检测
三、警示标志管理			
6	安全标识无中文说明，安全标识未正确悬挂	触电、灼烫、物体打击、火灾爆炸	按照 AQ/T 7009—2013《机械制造企业安全生产标准化规范》4.2.41.7.3"工作区域应相对独立，宜设置防护围栏，并设有警示标识。焊接设备屏护区域应按工作性质及类型选择联锁或光栅保护装置"的规定执行
7	焊接区域缺少标识和警告标志	触电、灼烫、物体打击、火灾爆炸、中毒和窒息	按照 GB 9448—1999《焊接与切割安全》4.1.2 警告标志："焊接和切割区域必须予以明确标明，并且应有必要的警告标志"的规定执行；AQ 4214—2011《焊接工艺防尘防毒技术规范》4.9"焊接作业岗位应在醒目位置设置警示标志，标志应符合 GB 2894、GB Z158 的要求"的规定执行

第3章　焊接常见事故隐患与安全要求

事故隐患是指物的不安全状态、人的不安全行为和管理上的缺陷。事故隐患是因控制危险源的安全措施失效或缺失而构成的。企业应依据有关标准规定定期排查隐患、及时消除隐患，保护员工安全和健康，保障企业安全发展。

本章从焊接设备、作业过程和焊接管理三个方面介绍常见事故隐患，针对每种类型的事故隐患分别收集和梳理了相应的隐患照片及标准依据，以增强员工学习的直观性和实效性。

3.1　焊接设备设施常见事故隐患与安全要求

焊机系统主要由主机、辅机和其他部分组成。焊接设备设施常见的事故隐患主要存在于线路安装和屏护、外壳防护、焊接回路、夹持装置、辅助装置等部分，各部分常见事故隐患及标准依据见表 3.1。

表3.1　焊接设备设施常见事故隐患及标准依据

序号	隐患照片	隐患描述与标准依据
一、线路安装和屏护		
1		**隐患描述：**焊机电源插头缺失 PE 线或焊机外壳 PE 端子未接保护导线。 **标准依据：**GB/T 5226.1—2019/IEC 60204-1：2016《机械电气安全 机械电气设备 第 1 部分：通用技术条件》6.3.3 用自动切断电源作防护："出现绝缘故障后，受其影响的任何电路的电源自动切断，为了防止来自触摸电压引起的危险情况。这种措施包括以下两个方面： ——外露可导电部分的保护联结；ꞏ

表 3.1（续 1）

序号	隐患照片	隐患描述与标准依据
1		一下列任一种方法： a) 在 TN 系统中，可以使用下列保护装置器件： ·过电流保护器件； ·剩余电流保护器件 (RCDs) 和相关的过电流保护器件。 b) 在 TT 系统中，下列任一种方法： ·检测到带电部分对外露可导电部分或对地的绝缘故障时，引发残余电流保护器件自动切断电源。 ·过电流保护装置可用于故障保护，确信提供适当低值故障回路阻抗 ZS 是长期和可靠的。 c) 在 IT 系统中，应满足 GB/T 16895.21—2011 的相关要求。 绝缘故障期间应保持听觉和视觉信号。报警后，可手动减弱听觉信号。有关绝缘监控器件和/或绝缘故障定位系统的规定，可由供方和用户之间协商
2		**隐患描述：** 长期使用的电缆线未固定敷设。 **标准依据：** GB 15579.1—2013/IEC 60974-1：2005《弧焊设备 第 1 部分 焊接电源》10.5 电缆固定装置： 装有供连接柔性输入电缆接线端子的焊接电源应配备电缆固定装置，以使电气连接不受张力的作用
3		**隐患描述：** 焊机输出端子缺失防护罩。 **标准依据：** GB 15579.1—2013/IEC 60974-1：2005《弧焊设备 第 1 部分 焊接电源》11.4.1 意外接触的防护： 焊接电源的输出端不管是否接有焊接电缆都应予以防护，防止人体或金属物件（如车辆、起重吊钩等）的意外接触。 可采取如下措施： a) 耦合装置的任何带电部分凹入进口孔端面。 b) 装有带铰链的盖或防护罩

表 3.1（续 2 ）

序号	隐患照片	隐患描述与标准依据
4		**隐患描述：** 未配置热保护和热控制装置的焊接设备，因长时间工作导致导线及线圈过热。 **标准依据：** GB 15579.6—2018/IEC 60974-6：2010《弧焊设备 第 6 部分：限制负载的设备》7.1 热保护和热控制装置： 限制负载的焊接电源应装有两个独立的装置，一个用于热保护，一个用于热控制
5	焊机电源线	**隐患描述：** 临时或移动使用的电焊机未实现一机一闸。 **标准依据：** GB 50055—2011《通用用电设备配电设计规范》4.0.1 每台电焊机的电源线应符合下列规定： ①手动弧焊变压器或弧焊整流器的电源线应装设隔离电器、开关和短路保护电器。 ②自动弧焊变压器、电渣焊机或电阻焊机的电源线应装设隔离电器和短路保护电器。 ③隔离电器、开关和短路保护电器应装设在电焊机附近便于操作和维修的地点
6		**隐患描述：** 因额定载流量不匹配，导致电源线发热，橡套老化、龟裂，直至带电体裸露、烧损。 **标准依据：** GB 50055—2011《通用用电设备配电设计规范》4.0.3 电焊机电源线的载流量不应小于电焊机的额定电流；断续周期工作制的电焊机的额定电流应为其额定负载持续率下的额定电流，其电源线的载流量应为断续负载下的载流量
7		**隐患描述：** 每台电焊设备未各自配备独立的漏电保护装置。 **标准依据：** GB 50194—2014《建设工程施工现场供用电安全规范》6.3.3 用电设备或插座的电源宜引自末级配电箱，当一个末级配电箱直接控制多台用电设备或插座时，每台用电设备或插座应有各自独立的保护电器

表 3.1（续 3）

序号	隐患照片	隐患描述与标准依据
8		**隐患描述：** 焊机未装二次降压保护器和剩余电流动作保护器。 **标准依据：** GB 50194—2014《建设工程施工现场供用电安全规范》9.4.6 施工现场使用交流电焊机时宜装配防触电保护器
9		**隐患描述：** 焊机一次线长度大于 5 m。 **标准依据：** GB 50194—2014《建设工程施工现场供用电安全规范》9.4.7 电焊机一次侧的电源电缆应绝缘良好，其长度不宜大于 5 m。 CB 3786—2012《船厂电气作业安全要求》4.7.1.3 电焊机的一次电源线应采用双层绝缘的多芯橡皮线或橡皮电缆，应装设单独的开关和短路保护。电源线长度不宜超过 5 m，中间不应有接头。 AQ/T 7009—2013《机械制造企业安全生产标准化规范》4.2.41.4 当采用焊接电缆供电时，一次线的接线长度应不超过 3 m，电源线不应在地面拖拽使用，且不允许跨越通道
10		**隐患描述：** 二次线橡皮绝缘橡皮护套破损；用金属构件或钢筋代替二次线；裸露的金属带电电压大于安全电压。 **标准依据：** GB 50194—2014《建设工程施工现场供用电安全规范》9.4.8 电焊机的二次线应采用橡皮绝缘橡皮护套铜芯软电缆，电缆长度不宜大于 30 m，不得采用金属构件或结构钢筋代替二次线的地线

表 3.1（续 4）

序号	隐患照片	隐患描述与标准依据
11		**隐患描述：** 每台焊机未设置独立的电源开关，存在一闸多机的情况。 **标准依据：** AQ/T 7009—2013《机械制造企业安全生产标准化规范》4.2.41.1.1 每台焊机应设置独立的电源开关或控制柜，并采取可靠的保护措施。 CB 3786—2012《船厂电气作业安全要求》4.4.4 配电开关数量应能满足生产需要，一路开关只能装接一路出线，开关操作位置前应标明所控设备名称、供电电压、供电容量等电气参数
12		**隐患描述：** 电焊机输出线与接线端子连接不紧密；长期固定使用的电焊机电源线未穿管敷设。 **标准依据：** AQ/T 7009—2013《机械制造企业安全生产标准化规范》4.2.41.1.2 固定使用的电源线应采取穿管敷设；一次侧、二次侧接线端子应设有安全罩或防护板屏护；线路接头应牢固，无烧损。电气线路绝缘完好，无破损、无老化
13		**隐患描述：** 工作期间因漏气、漏水、漏油易导致电气故障，从而引起电气火灾。 **标准依据：** AQ/T 7009—2013《机械制造企业安全生产标准化规范》4.2.41.1.3 焊机所使用的输气、输油、输水管道应安装规范、运行可靠，且无渗漏

表 3.1（续 5）

序号	隐患照片	隐患描述与标准依据
14		**隐患描述**：电源线中间有接头。 **标准依据**：CB 3786—2012《船厂电气作业安全要求》4.7.1.3 电焊机的一次电源线应采用双层绝缘的多芯橡皮线或橡皮电缆，应装设单独的开关和短路保护。电源线长度不宜超过 5 m，中间不应有接头
15		**隐患描述**：使用焊钳连接焊机二次线。 **标准依据**：CB 3786—2012《船厂电气作业安全要求》4.7.1.4 焊接电缆线的外套应完整，绝缘良好。焊接电缆线需接长时，应使用接头连接器牢固连接，接头不应超过两个，连接处的绝缘应良好。不应用焊钳作为连接部件使用。电焊机的接地线应用焊接电缆进行接地连接
16		**隐患描述**：电焊机一次电源线未悬空架设。 **标准依据**：CB 3910—1999《船舶焊接与切割安全》5.1.3 上船放置焊机应设有指定的场所，距离船舷不少于 0.5 m，并应可靠固定。电源线应符合输电安全要求。一次电源线应用橡胶电缆悬空架设，不能与船壳与脚手架相接触，且在船上和船下各备有可靠的电源开关

表 3.1（续 6 ）

序号	隐患照片	隐患描述与标准依据
17		**隐患描述**：氧气、乙炔气管混绞在一起。 **标准依据**：CB 3910—1999《船舶焊接与切割安全》5.1.4 氧气软管、乙炔软管、液化气软管与焊接电缆不得混绞在一起，通往舱内的燃气软管与焊接电缆应隔开一定距离

二、外壳防护

序号	隐患照片	隐患描述与标准依据
18		**隐患描述**：电焊机外壳无接地保护。 **标准依据**：GB 9448—1999《焊接与切割安全》11.3 接地： 焊机必须以正确的方法接地（或接零），接地(或接零)装置必须连接良好，永久性的接地（或接零）应做定期检查。 禁止使用氧气、乙炔等易燃易爆气体管道作为接地装置。 在有接地（或接零）装置的焊件上进行弧焊操作，或焊接与大地密切连接的焊件（如：管道、房屋的金属支架等）时，应特别注意避免焊机和工件的双重接地

序号	隐患照片	隐患描述与标准依据
19		**隐患描述**：由于焊机输入电缆中没有 PE 导线，后加设的 PE 导线截面积电焊机外壳 PE 线与相线不匹配。 **标准依据**：GB 9448—1999《焊接与切割安全》12.4.6 接地：电阻焊机的接地要求必须符合 GB 15578 标准的有关规定"。

相线芯线截面积 S/mm^2	PE 线截面积
$S \leqslant 16$	S
$16 < S \leqslant 35$	16
$S > 35$	$S/2$

表 3.1（续 7）

序号	隐患照片	隐患描述与标准依据
20		**隐患描述**：焊机接线端子未采取有效防护。 **标准依据**：GB 10235—2012《弧焊电源 防触电装置》7.6.2 装置的接线端子和带电部分必须加以保护
21		**隐患描述**：绝缘电阻低于 2.5 MΩ 易击穿，导致电气事故及设备烧损。 **标准依据**：GB 10235—2012《弧焊电源 防触电装置》7.13 绝缘电阻： 与输入（出）电压相连的带电部件各极之间、各极连接在一起与外壳之间的绝缘电阻不应低于 2.5 MΩ
22		**隐患描述**：焊机交流电压超过 42 V，直流电压超过 48 V 的部件未设置保护罩壳。 **标准依据**：GB 15579.1—2013/IEC 60974-1：2005《弧焊设备 第 1 部分：焊接电源》6.2.1 外壳防护： 专门为室内使用而设计的焊接电源的最低防护等级应达到 IEC 60529 规定的 IP21S。 专门为户外使用而设计的焊接电源的最低防护等级应达到 IEC 60529 规定的 IP23S。 防护等级为 IP23S 的焊接电源可在户外存放，但不应在雨雪中无遮蔽的地方使用。 外壳应能充足排水，残留的水不应影响设备的正常运行或降低安全性能
23		**隐患描述**：焊机 PE 线无"⏚"接地标志。 **标准依据**：GB/T 5226.1—2019/IEC 60204-1：2016《机械电气安全 机械电气设备 第 1 部分：通用技术条件》5.2 连接外部保护导线体的端子： 每个引入电源点连接外部保护接地系统或外部保护导线（体）的端子应加标志或用字母 PE 标记（见 IEC 60445：2010）
24		**隐患描述**：焊机外壳未与电网接地系统保持良好连接、未使用漏电保护装置。 **标准依据**：GB 15578—2008《电阻焊机的安全要求》6.6 漏电保护器（RCD）：安装漏电保护器的控制器为组成该手持式电阻焊机的一部分。基于人身安全的角度考虑，应选用与手持式电阻焊机电气额定参数匹配的额定漏电动作电流为 30 mA 及以下的高灵敏度快速型（≤ 0.1 s）漏电保护器

表 **3.1**（续 8）

序号	隐患照片	隐患描述与标准依据
25		**隐患描述**：焊接设备露天存放缺防护，设备受潮，启动时因短路导致设备损坏。 **标准依据**：CB 3910—1999《船舶焊接与切割安全》5.1.2 船台上放置焊机时应有防护罩，防止潮湿、日晒和下落物等，以防损坏焊机
26		**隐患描述**：焊机绝缘检测记录缺失绕组间、焊钳检测记录。 **标准依据**：AQ 7007—2013《造修船企业安全生产技术规范》6.7.3 焊接变压器一、二次绕组，绕组与外壳间绝缘电阻值不小于 1 MΩ
27		**隐患描述**：电焊机裸露的带电部分缺少安全防护罩。 **标准依据**：CB 3786—2012《船厂电气作业安全要求》4.7.1.2 电焊机应有良好的绝缘和可靠的保护接地或保护接零装置。对于固定工位的电焊机，其裸露的带电部分应有安全防护罩。电焊机的冷态绝缘电阻应不低于以下规定值：输入回路（包括与之相连的控制回路）与焊接回路（包括与之相连的控制回路）之间为 5 MΩ，控制回路和外露导电部件（包括与保护性导体相连的所有控制回路或辅助回路）与所有回路之间为 2.5 MΩ
28		**隐患描述**：长期未使用的电焊机未进行绝缘检测或检测不合格，直接投入使用。 **标准依据**：CB 3910—1999《船舶焊接与切割安全》4.1.1 手工电弧焊用的各种焊机长时间不用，必须先测量绝缘电阻。新焊机绝缘电阻值初级应不小于 0.5 MΩ（指设备线圈间，线圈对机身），次级应为 0.2 MΩ；旧焊机绝缘电阻在 0.2 MΩ 以上，经确认设备正常方可使用
29		**隐患描述**：电焊机外壳可导电部分无保护接地。 **标准依据**：CB 3910—1999《船舶焊接与切割安全》4.1.2 操作前应检查电源线和焊接电缆是否良好，启动开关（包括保险丝）等是否正常，接地螺栓或接地线是否连接良好

表 3.1（续 9）

序号	隐患照片	隐患描述与标准依据
30		**隐患描述**：焊机保护接地或接零线截面积不足，或多台焊机保护接地（或保护接零）采用串联方式与接地极连接；或多台焊机的保护接地线驳接在一个接线柱上，构成"一钉压多线"、保护接地线未使用红黄绿线。 **标准依据**：CB 3910—1999《船舶焊接与切割安全》4.2.1 多台焊机接地时应用并联接法，严禁使用串联接法。铜线接地线其截面积应不小于 14 mm^2，必须将接地线用螺帽拧紧
31		**隐患描述**：（1）附加的 PE 导线的线径与相线线径不匹配；（2）导线截面积过小，中心点电流过大，造成导线断损，接地失效。 **标准依据**：CB 3910—1999《船舶焊接与切割安全》4.2.3 在三相四线制供电系统中，电焊机外壳必须进行保护性接零，用于接零的导线其截面积大于相应相线截面积的 1/2

三、焊接回路

序号	隐患照片	隐患描述与标准依据
32		**隐患描述**：焊钳手柄处焊接回路电缆局部绝缘层破损。 **标准依据**：GB 9448—1999《焊接与切割安全》11.4.2 构成焊接回路的电缆外皮必须完整，绝缘良好（绝缘电阻大于 1 MΩ），用于高频高压振荡器设备的电缆，必须具有相应的绝缘性能
33		**隐患描述**：焊机的供电电缆中间接头包扎不良，绝缘等级不足。焊接电缆中介接头未使用耦合器连接。 **标准依据**：GB 9448—1999《焊接与切割安全》11.4.3 焊机的电缆应使用整根导线，尽量不带连接接头，需要接长导线时，接头处要连接牢固、绝缘良好

表 3.1（续10）

序号	隐患照片	隐患描述与标准依据
34		**隐患描述：**焊接电缆局部绝缘破损。 **标准依据：** GB 9448—1999《焊接与切割安全》11.6.3 焊接电缆：焊接电缆必须经常进行检查。损坏的电缆必须及时更换或修复。更换或修复后的电缆必须具备合适的强度、绝缘性能、导电性能和密封性能。电缆的长度可根据实际需要连接，其连接方法必须具备合适的绝缘性能
35		**隐患描述：**焊机二次线温升过高，导致导线护套碳化。 **标准依据：** GB 15578—2008《电阻焊机的安全要求》7.3.2 焊接回路：人体易于触及的焊接回路及其零部件（电极除外）的温升限值应不超过60 K
36		**隐患描述：**电焊机输出导线的耦合接头处绝缘套破损。二次回路接点超过 3 个。 **标准依据：** AQ 7009—2013《机械制造企业安全生产标准化规范》4.2.41.5.2 二次回路宜直接与被焊工件直接连接或压接。二次回路接点应紧固，无电气裸露，接头宜采用电缆耦合器，且不超过 3 个。电阻焊机的焊接回路及其零部件（电极除外）的温升限值不应超过允许值
37		**隐患描述：**采用具有漏保功能的塑壳开关作为保护装置时，零线未经过保护装置。 **标准依据：** GB/T 13955—2017《剩余电流动作保护装置安装和运行》6.3 安装 RCD 的施工要求： d）RCD 安装时，应严格区分 N 线和 PE 线，三极四线式或四极四线式 RCD 的 N 线应接入保护装置。通过 RCD 的 N 线，不得作为 PE 线，不得重复接地或接设备外露可接近导体。PE 线不得接入 RCD

表 3.1（续 11）

序号	隐患照片	隐患描述与标准依据
四、夹持装置		
38		**隐患描述：**焊钳绝缘部件缺损。 **标准依据：**GB 9448—1999《焊接与切割安全》11.5.7.4 焊钳和焊枪： 　　焊钳必须具备良好的绝缘性能和隔热性能，并且维修正常。 　　如果枪体漏水或渗水会严重威胁焊工安全时，禁止使用水冷式焊枪
39		**隐患描述：**因吊点不准确，平衡装置不可靠，焊接设备倾翻，导致物体打击及设备损坏。 **标准依据：**AQ/T 7009—2013《机械制造企业安全生产标准化规范》4.2.41.6.3 悬挂式电阻焊机吊点应准确，平衡保护装置应可靠
五、辅助装置		
40		**隐患描述：**氧气软管不符合现行国标要求；不符合标准要求的软管，易破损、老化、龟裂，导致泄漏。 **标准依据：**GB/T 2550—2016《气体焊接设备焊接、切割和类似作业用橡胶软管》7.1.1 一般软管。软管应包含： 　　a）最小厚度为 1.5 mm 的橡胶内衬层； 　　b）采用适当工艺铺放的增强层； 　　c）最小厚度为 1.0 mm 的橡胶外覆层

表 3.1（续12）

序号	隐患照片	隐患描述与标准依据
41		**隐患描述：** 氧气软管缺失国标号。 **标准依据：** GB/T 2550—2016《气体焊接设备 焊接、切割和类似作业用橡胶软管》10.3 标志。软管外覆层应至少每隔 1 000 mm 连续、牢固地标注下列内容： a）本标准编号 GB/T 2550； b）"焊剂"（仅适用焊剂燃气软管）； c）最大工作压力，MPa； d）公称内径； e）制造商或供应商的标志（如：XYZ）； f）制造年份
42		**隐患描述：** 软管接头上缺少被连接胶管内径和制造商标记；软管接头上没有连接胶管内径，易造成连接胶管不匹配产生气体泄漏。 **标准依据：** GB/T 5107—2008《气焊设备 焊接、切割和相关工艺设备用软管接头》8.1 标记：软管接头上应有被连接胶管内径和制造商标记
43		**隐患描述：** 新购焊接设备未见检验合格标识。 **标准依据：** GB/T 5107—2008《气焊设备 焊接、切割和相关工艺设备用软管接头》8.2 包装：产品出厂时应用纸盒或木箱包装，并附合格证书，合格证书应包括产品名称、规格和产品检验数据

表 3.1（续13）

序号	隐患照片	隐患描述与标准依据
44		**隐患描述**：气瓶内的气体成分未在瓶体做明显标志；氧气瓶缺少字样，瓶体漆色脱落，气瓶缺少防倾倒装置。 **标准依据**：GB 9448—1999《焊接与切割安全》10.5.2 气瓶的标志： 为了便于识别气瓶内的气体成分，气瓶必须按 GB 7144 规定做明显标志。其标识必须清晰、不易去除。标识模糊不清的气瓶禁止使用
45		**隐患描述**："紧急停止"开关颜色不正确造成误操作。 **标准依据**：GB 15578—2008《电阻焊机的安全要求》12 紧急停止操作件的颜色：电阻焊机如果配备有用于执行紧急停止、紧急断开功能操作的"紧急停止"开关、手柄或按钮等操作件的颜色必须是"红色"，其他操作件的颜色不允许用红色
46		**隐患描述**：存在有操作者可能触及的带电体。 **标准依据**：GB 15579.5—2013/IEC 60974-5：2007《弧焊设备 第 5 部分：送丝装置》6.3.2 焊接回路与机架之间的绝缘：焊接时有可能带电的部分（如：填充丝、焊丝盘、送丝轮）应与送丝装置的机架或其他采用基本绝缘的构件绝缘
47		**隐患描述**：自制弧焊钳不符合现行国标要求。 **标准依据**：GB 15579.7—2013/IEC 60974-7：2005《弧焊设备 第 7 部分：焊炬（枪）》12 标记。 焊炬（枪）上应清晰并永久性地标出以下信息： a）制造商、销售商、进口商名称或注册商标； b）制造商给定的型号； c）本标准号，以确认该焊炬（枪）符合本标准要求

表 3.1（续14）

序号	隐患照片	隐患描述与标准依据
48		**隐患描述：**自制电焊钳缺少安全、快捷装上和取下剩余的焊条残段的夹紧和放开装置。 **标准依据：**GB 15579.11—2012《弧焊设备 第11部分：电焊钳》7 操作。电焊钳应能： a）安全、快速地装上焊条和取下剩余的焊条残段； b）在任一规定的部位夹持焊条，均可使其焊到只剩下 50 mm 长； c）在操作者不施加任何外力的情况下，夹紧制造商所规定的各种规格直径的焊条； d）焊条与工件粘接在一起时，能将焊条脱离工件
49		**隐患描述：**焊钳手柄处焊接回路电缆未深入到焊把内 **标准依据：**GB 15579.11—2012《弧焊设备 第11部分：电焊钳》10.2 焊接电缆绝缘嵌入深度： 焊接电缆的绝缘部分进入电焊钳的深度至少为电缆外径的两倍，但最少为 30 mm
50		**隐患描述：**焊机检查记录表中缺失绝缘检测记录。 **标准依据：**GB 15579.11—2012《弧焊设备 第11部分：电焊钳》8.2 绝缘电阻：电焊钳经湿热处理后的绝缘电阻应不低于 1 MΩ
51		**隐患描述：**电焊钳部分绝缘装置损坏后，自装的替代品不能承受高热。 **标准依据：**GB 15579.11—2012《弧焊设备 第11部分：电焊钳》9.3 耐焊接飞溅物： 手柄的绝缘材料应能承受热物体和正常量的焊接飞溅物而不致于燃烧或变得不安全。 电焊钳的所有零部件在正常工作条件下应不会引起燃烧的危险

表 3.1（续15）

序号	隐患照片	隐患描述与标准依据
52		**隐患描述：**耦合器止动装置失效。 **标准依据：**GB 15579.12—2012《弧焊设备 第 12 部分：焊接电缆耦合装置》9.1 止动装置：止动装置或自锁紧装置应能防止耦合装置由于受轴向拉力而发生意外松脱
53		**隐患描述：**使用不匹配的耦合器，造成耦合器绝缘电阻击穿、烧损，导致触电事故。 **标准依据：**GB 15579.12—2012《弧焊设备 第 12 部分：焊接电缆耦合装置》10 标志。 应将以下内容清晰而持久地标注在每个耦合装置上： a）制造商、销售商、进口商名称或注册商标； b）允许的焊接电缆最大截面积； c）允许的焊接电缆最小截面积； d）引弧和稳弧电压的额定峰值（如适用）； e）本部分编号，并确认耦合装置符合其规定
54		**隐患描述：**自制焊钳手柄绝缘、钳口绝缘防护、温升参数等超标。 **标准依据：**CB 3786—2012《船厂电气作业安全要求》4.7.1.5 电焊钳应符合安全要求，钳口、手柄应完整无损，绝缘应良好
55		**隐患描述：**易燃及可燃气瓶一经暴晒，会导致气瓶内气体膨胀、气压升高。 **标准依据：**GB/T 34525—2017《气瓶搬运、装卸、储存和使用安全规定》9.2 气瓶操作人员应保证气瓶在正常环境温度下使用，防止气瓶意外受热： a）不应将气瓶靠近热源，安放气瓶的地点周围 10 m 范围内，不应进行有明火或可能产生火花的作业（高空作业时，此距离为在地面的垂直投影距离）； b）气瓶在夏季使用时，应防止气瓶在烈日下暴晒

表 3.1（续16）

序号	隐患照片	隐患描述与标准依据
56		**隐患描述：**焊接用橡胶软管未按标准要求布设。 **标准依据：**CB/T 3969—2005《金属焊割用燃气入舱作业安全规定》5.2 橡胶软管应搭设在船舷或横穿甲板的专用线架上，不应铺设在甲板表面
57		**隐患描述：**未用专业接头连接或用铁丝捆扎，易造成软管破损，从而导致气体泄漏。 **标准依据：**CB/T 3969—2005《金属焊割用燃气入舱作业安全规定》5.3 橡胶软管连接处应用专用接头连接并捆扎牢固，不应泄露
58		**隐患描述：**燃气集配器、焊割器具和橡胶软管内存在杂物，形成阻塞或气体集配器、焊割器具损坏，输气软管老化、龟裂等导致气体泄漏。 **标准依据：**CB/T 3969—2005《金属焊割用燃气入舱作业安全规定》7.2 应至少每半年一次对燃气集配器、焊割器具和橡胶软管进行完好性检查。 CB/T 3969—2005《金属焊割用燃气入舱作业安全规定》7.3 应至少每天两次对燃气集配器和燃气管线进行日常检查，并做好检查记录。 CB/T 9448—1999《焊接与切割安全》10.3 禁止使用泄露、烧坏、磨损、老化或有其他缺陷的软管

3.2 焊接作业常见事故隐患与安全要求

焊接作业常见的事故隐患主要分布在作业过程、作业环境、劳动防护、职业健康等方面，各方面常见隐患及标准依据见表3.2。

表3.2 焊接作业常见事故隐患与安全要求

序号	隐患照片	隐患描述与标准依据
一、作业过程		
1		**隐患描述**：焊机二次线与接线端子未用螺栓紧固，接触电阻过大导致局部严重发热，烧损。 **标准依据**：GB 9448—1999《焊接与切割安全》11.5.2 连线的检查：完成焊机的接线之后，在开始操作设备之前必须检查一下每个安装的接头以确认其连接良好
2		**隐患描述**：在密闭空间内，焊、割炬长期不用时可能因关闭不严产生泄漏，软管长期不用可能因踩踏或老化、龟裂产生泄漏。 **标准依据**：CB 3910—1999《船舶焊接与切割安全》3.2.1 在舱室内，封闭容器、箱及柜等构件从事气焊和气割时，应使用防爆灯或安全电压的照明灯注意通风良好，并严禁使用氧气作通风气流或降温措施，工作前应尽量在舱室或容器外点火调试，如在中途有较长时间停止工作时，应将焊、割炬连同通气软管从舱室、封闭容器、箱及柜等构件中取出放在空气流动的敞开部位。在狭舱内工作时，要同时有二名气焊工，以便监护
3		**隐患描述**：供气阀门、氧割器具控制阀未关闭，供气软管未脱离气源。 **标准依据**：CB 3910—1999《船舶焊接与切割安全》3.2.3 交接班、停止焊接及离开工作场所时，应关闭好氧气和乙炔的阀门，应将氧气和乙炔软管脱离气源；离开工作场所时，应仔细检查工作现场以防火灾
4		**隐患描述**：在系岸船舶焊接工作时，将接地线用电缆直接接在该船的船壳上，未将船壳再与陆地用电缆线相连接。 **标准依据**：CB 3910—1999《船舶焊接与切割安全》4.2.4 在系岸船舶焊接工作时，接地线严禁通过海水或其他物体连接，将接地线用电缆直接接在该船的船壳上，船壳再与陆地用电缆线相连接

表 3.2（续1）

序号	隐患照片	隐患描述与标准依据
5		**隐患描述：** 焊钳与焊件接触时启动或关闭焊接设备。 **标准依据：** CB 3910—1999《船舶焊接与切割安全》5.1.6 启动或关闭焊机时，焊钳与焊件不能接触
6		**隐患描述：** 在恶劣天气进行露天焊接时，未采取防护措施；狭窄舱内没有通风装置。 **标准依据：** CB 3910—1999《船舶焊接与切割安全》5.2.1 在恶劣天气进行露天焊接时，必须采取防风、防雨、防雪以及防滑等可靠措施，否则应停止工作；在狭窄舱内工作时，必须设有通风装置
7		**隐患描述：** 长距离拖动带电电缆，绝缘皮破损。 **标准依据：** CB 3910—1999《船舶焊接与切割安全》5.2.6 在船上舱内工作时，应先将焊接电缆、氧气和乙炔软管拉到工作场所后，再开动电焊机、氧气和乙炔供气阀。严禁带电的电缆线作长距离拖动
8		**隐患描述：** 在未经过泄压、清洗置换、检测合格，符合动火作业条件的容器、管道上（内）进行焊接或切割作业。 **标准依据：** CB 3910—1999《船舶焊接与切割安全》6.4 在从事压力容器或压力管道等焊接切割作业前，必须泄压并排除管道内的易燃品和毒品或有害气体，经检查确认合格后，才准进行焊接、切割、气刨和打磨作业
9		**隐患描述：** 在通风不良或缺乏通风条件的有限空间及存在有可燃气体舱室内进行明火作业。 **标准依据：** CB 3910—1999《船舶焊接与切割安全》6.8 修船中进入封闭舱室进行焊接、切割和气刨等作业之前，必须事先进行清舱排气，使舱内可燃气体的浓度低于爆炸下限的20%，并经检查确认合格，舱内作业区含氧量应高于18%

表 3.2（续 2）

序号	隐患照片	隐患描述与标准依据
10		**隐患描述：** 使用射吸性能损坏的割枪。 **标准依据：** CB/T 3969—2005《金属焊割用燃气入舱作业安全规定》6.1.3 作业人员应对焊割器具和橡胶软管进行检查，确保无泄漏
11		**隐患描述：** 焊机二次回路的连接使用厂房结构架作为回路导线。 **标准依据：** AQ/T 7009—2013《机械制造企业安全生产标准化规范》4.2.41.5.1 二次回路应保持其独立性和隔离要求
12		**隐患描述：** 在有 PE 线装置的焊件上进行电焊操作时，未拆除 PE 线（PE 线作为焊接回路分流回路）。 **标准依据：** AQ/T 7009—2013《机械制造企业安全生产标准化规范》4.2.41.5.4 禁止搭载或利用厂房金属结构、管道、轨道、设备可移动部位，以及 PE 线等作为焊接二次回路。在有 PE 线装置的焊件上进行电焊操作时，应暂时拆除 PE 线
13		**隐患描述：** 开启过快或超过 1½ 圈时，乙炔气体流速过快，易产生静电，引起燃爆。 **标准依据：** GB 9448—1999《焊接与切割安全》10.5.5.3 乙炔气瓶的开启： 　　开启乙炔气瓶的瓶阀时应缓慢，严禁开至超过 1½ 圈，一般只开至 3/4 圈以内以便在紧急情况下迅速关闭气瓶

表 3.2（续 3）

序号	隐患照片	隐患描述与标准依据
14		**隐患描述：** 乙炔软管未用红色专用软管。 **标准依据：** GB/T 2550《气体焊接设备 焊接、切割和类似作业用橡胶软管》10.2 颜色标识。 　　为了标识软管所适用的气体，软管外覆层应按表 4 的规定进行着色和标志。对于并联软管，每根单独软管应按本标准进行着色和标志。 表 4　软管颜色和气体标识 （见下表）
15		**隐患描述：** 乙炔瓶未配用干式回火防止器；冬季施工时，使用明火烘烤气瓶或湿式回火防止器。 **标准依据：** CB 3910—1999《船舶焊接与切割安全》3.1.4.3 回火防止器阀门应定期检查，不准使用有漏气的乙炔阀。冬季施工时，应对湿式回火防止器采取防冻措施（如加入适量的食盐等）

表 4　软管颜色和气体标识

气体	外覆层颜色和标志
乙炔和其他可燃气体 *（除 LRG7、MPS、天然气、甲烷外）	红色
氧气	蓝色
空气、氮气、氩气、二氧化碳	黑色
液化石油气（LPG）和甲基乙炔 - 丙二烯混合物（MPS）、天然气、甲烷	橙色
除焊剂燃气外（本表中包括的）所有燃气	红色 / 橙色
焊剂燃气	红色 - 焊剂
* 关于软管对氢气的适用性，应咨询制造商	

表 3.2（续 4）

序号	隐患照片	隐患描述与标准依据
16		**隐患描述：** 作业结束后未关闭主机。 **标准依据：** GB 9448—1999《焊接与切割安全》11.5.4 工作中止： 当焊接工作中止时（如：工间休息），必须关闭设备或焊机的输出端或者切断电源
二、作业环境		
17		**隐患描述：** 焊接设备、电缆及相关器具放置不规范。 **标准依据：** GB 9448—1999《焊接与切割安全》4.1.1 设备： 焊接设备、焊机、切割机具、钢瓶、电缆及其他器具必须放置稳妥并保持良好的秩序，使之不会对附近的作业或过往人员构成妨碍
18		**隐患描述：** 未在指定区域内作业，未采取有效的防护措施且未获取动火审批。 **标准依据：** GB 9448—1999《焊接与切割安全》6.2 指定的操作区域： 焊接及切割应在为减少火灾隐患而设计、建造（或特殊指定）的区域内进行因特殊原因需要在非指定的区域内进行焊接或切割操作时，必须经检查、核准

表 **3.2**（续 5）

序号	隐患照片	隐患描述与标准依据
19		**隐患描述：**焊接作业场所存在可燃物品。 **标准依据：**AQ/T 7009—2013《机械制造企业安全生产标准化规范》4.2.41.7.1 工作场所应采取防触电、防火、防爆、防中毒窒息、防机械伤害、防灼伤等技术措施；其周边应无可燃爆物品；电弧飞溅处应设置非燃物质制作的屏护装置
20		**隐患描述：**安全标识无中文说明；安全标识未正确悬挂。 **标准依据：**AQ/T 7009—2013《机械制造企业安全生产标准化规范》4.2.41.7.3 工作区域应相对独立，宜设置防护围栏，并设有警示标识。焊接设备屏护区域应按工作性质及类型选择联锁或光栅保护装置。GB 18209.2—2010《机械电气安全 指示、标志和操作 第 2 部分：标志要求》5.1 "文字信息应采用使用该机器的国家语言"的要求
21		**隐患描述：**焊接设备附近有极易引燃挥发的油气及泄漏的可燃性气体。 **标准依据：**CB 3910—1999《船舶焊接与切割安全》8.2.3 焊接设备应放置在远离机舱、油舱和氧气瓶、乙炔瓶等贮存部位

三、劳动防护

序号	隐患照片	隐患描述与标准依据
22		**隐患描述：**焊接作业过程中未采取隔离保护措施，火花飞溅。 **标准依据：**GB 9448—1999《焊接与切割安全》4.1.3 防护屏板：为了防止作业人员或邻近区域的其他人员受到焊接及切割电弧的辐射及飞伤害，应用不可燃或耐火屏板（或屏罩）加以隔离保护

表 3.2（续 6）

序号	隐患照片	隐患描述与标准依据
23		**隐患描述**：防护面罩破损严重。作业人员未配备护目镜等劳动防护用品。 **标准依据**：GB 9448—1999《焊接与切割安全》4.2.1 眼睛及面部防护： 作业人员在观察电弧时必须使用带有滤光镜的头罩或手持面罩，或佩戴安全镜、护目镜或其他合适的眼镜。辅助人员亦应配戴类似的眼保护装置
24		**隐患描述**：因穿戴质量不符合要求的防护服。 **标准依据**：GB 9448—1999《焊接与切割安全》4.2.2.1 防护服： 防护服应根据具体的焊接和切割操作特点选择。防护服必须符合 GB 15701 的要求，并可以提供足够的保护面积
25		**隐患描述**：焊工现场开展焊接作业未佩戴耐火防护手套。 **标准依据**：GB 9448—1999《焊接与切割安全》4.2.2.2 手套： 所有焊工和切割工必须佩戴耐火的防护手套，相关标准参见附录 C（提示的附录）
26		**隐患描述**：手工焊作业人员未正确使用排铅烟装置，未配戴防尘毒口罩。 **标准依据**：AQ 4214—2011《焊接工艺防尘防毒技术规范》8.10 焊接作业时，焊工应配戴防尘毒口罩
四、职业健康		
27		**隐患描述**：现场焊接作业产生烟尘未能有效排出。 **标准依据**：GB 9448—1999《焊接与切割安全》5.1 充分通风： 为了保证作业人员在无害的呼吸氛围内工作，所有焊接、切割、钎焊及有关的操作必须要在足够的通风条件下（包括自然通风或机械通风）进行

表 3.2（续 7）

序号	隐患照片	隐患描述与标准依据
28		**隐患描述**：现场轴流风机将电焊烟尘吹向焊工。 **标准依据**：GB 9448—1999《焊接与切割安全》5.2 防止烟气流： 必须采取措施避免作业人员直接呼吸到焊接操作所产生的烟气流
29		**隐患描述**：（1）自动焊接设备电焊烟尘净化装置被拆除；（2）焊接操作中未使用电焊烟尘抽尘净化装置；（3）通风管拆损；通风设备风管和软连接坏损，检修不及时；（4）电焊烟尘抽尘净化装置风筒坏损维修不及时。 **标准依据**：AQ 4214—2011《焊接工艺防尘防毒技术规范》4.8 应定期对焊接作业场所尘毒有害因素进行检测，并对通风排尘装置和其他卫生防护装置的效果进行评价，焊接防尘防毒通风设施不得随意拆除或停用
30		**隐患描述**：焊接作业通风装置失效或未在作业情况下启动通风装置。 **标准依据**：AQ 4214—2011《焊接工艺防尘防毒技术规范》6.3 焊接车间或焊接量大、焊机集中的工作地点，实施全面机械通风。当焊接作业室净高度低于 3.5 m 或每个焊工工作空间小于 200 m³ 或工作间（室、舱、柜、容器等）内部结构影响空气流动而使焊接工作点的尘毒浓度超过规定时，必须实施全面机械通风

3.3　焊接作业管理常见缺陷与安全要求

本章 3.1 和 3.2 节均贯穿着安全管理的内容，本节主要从作业现场的角度出发，补充对现场相关方、现场应急救援和警示标志等三方面常见的管理缺陷，见表3.3。

表3.3　焊接作业安全管理常见缺陷与安全要求

序号	隐患照片	隐患描述与标准依据
一、相关方管理		
1		**隐患描述**：施工单位未明确焊接责任人，现场使用的小型焊接，一次线防护失效，没有接地保护措施，气瓶已超过检定周期。 **标准依据**：GB 50236—2011《现场设备、工业管道焊接工程施工规范》3.0.3 监理单位和总承包单位应配备有焊接责任人员
二、应急救援管理		
2		**隐患描述**：焊接作业区未配备灭火器材。 **标准依据**：GB 9448—1999《焊接与切割安全》6.4.1 灭火器及喷水器： 　　在进行焊接及切割操作的地方必须配置足够的灭火设备
3		**隐患描述**：焊接作业岗位缺少有毒有害物质危害性、预防措施和应急处理措施的指示牌。 **标准依据**：AQ 4214—2011《焊接工艺防尘防毒技术规范》10.1 焊接作业岗位应在显著位置设置指示牌，说明有毒有害物质危害性、预防措施和应急处理措施
4		**隐患描述**：对焊接作业活动、环境危险辨识不清，未根据作业环境设置必要的自动、人工控制的事故通风设施或通风量不足。 **标准依据**：AQ 4214—2011《焊接工艺防尘防毒技术规范》10.2 对焊接过程中可能突然逸出大量有害气体或易造成急性中毒的作业场所，应设置事故通风装置及与其连锁的自动报警装置，其通风换气次数应不小于 12 次 /h

表 3.3（续）

序号	隐患照片	隐患描述与标准依据
三、警示标志管理		
5		**隐患描述**：焊接区域缺少标识和安全警告标志。 **标准依据**：GB 9448—1999《焊接与切割安全》4.1.2 警告标志： 焊接和切割区域必须予以明确标明，并且应有必要的警告标志
6		**隐患描述**：焊接作业场所未设置职业病危害告知等警示标志。 **标准依据**：GB 9448—1999《焊接与切割安全》9 警告标志： 在焊接及切割作业所产生的烟尘、气体、弧光、火花、电击、热辐射及噪声可能导致危害的地方，应通过使用适当的警告标志使人们对这些危害有清楚的了解。 AQ 4214—2011《焊接工艺防尘防毒技术规范》4.9 接触尘毒的焊接作业岗位应在醒目位置设置警示标志，标志应符合 GB 2894、GBZ 158 的要求

第4章　焊接作业典型事故案例

焊接作业过程中发生的典型事故主要分为火灾、燃爆、触电、高处坠落四类。

本章以船舶工业为例，列举 2000 年以来发生的六类典型事故案例。希望通过学习事故案例，促使从事焊接作业的员工将所学焊接安全知识和技术正确应用到实际工作中，从而防范和减少同类事故重复发生。

4.1　火灾事故案例

据不完全统计，火灾事故占造船行业全部生产安全事故总数的 30% 以上，而火灾事故大部分是由于焊接和相关作业引发的。

4.1.1　串油火灾事故

1. 事故概况

2003 年 9 月 18 日上午 8：40 左右，停靠在某公司码头的 4100 标准箱集装箱船，已经试航归来，原计划 10 月 5 日交船，船上已经加了近百吨柴油。当时船体上层建筑底部的分油机室内，有 6 名员工正在清理管道内残油，同时有焊工在开展焊接作业，焊接产生的焊渣掉到油废表面，造成火灾。

发生火灾后，船上约 200 名工人全部疏散。近 30 辆消防车参加了抢救工作，经过近百名消防救援人员的积极扑救，明火很快被扑灭。据悉火灾损失达千万元人民币，1 名消防战士牺牲。

2. 事故原因分析

在船体上层建筑底部的分油机室内同时进行管道残油清理和焊接作业，焊渣落入废油表面，造成火灾，残油和焊渣分别是事故的起因物和致害物。

直接原因：高温焊渣落入废油，造成废油起火。违反 GB 9448—1999《焊接与切割安全要求》6.3 放有易燃物区域的热作业条件："焊接或切割作业只能在无火灾隐患的条件下实施"的规定。

间接原因：施工组织不合理，在分油机室内同时安排管道残油清理和焊工作业；舱室内进行动火危险作业未履行审批，未制定能有效实现残油与高温焊渣隔离的防范措施。

4.1.2 三菱重工"钻石公主"号火灾事故

1. 事故概况

日本三菱重工长崎造船厂为英国银行公主邮轮公司在建的豪华游轮"钻石公主"号豪华游船 11.3 万总吨、载客 2 674 名、全长 290 m、宽 37.5 m、高 62 m。该船于 2000 年 2 月 15 日正式签订建造合同，2002 年 7 月下水并着手进行码头舾装。按原定计划，该船应于 2003 年 7 月交付使用。发生火灾前正在码头进行内部舾装。

火灾发生在 2002 年 10 月 1 日当地时间下午 16：00 左右，起火原因是焊接操作疏忽引发大火。第五层甲板首先起火，由于船舱内尚未配备消防设备，舱室防火材料隔板尚未安装，有大量的可燃包覆材料，火势迅速蔓延。正在船内施工的数百名工人听到火警后迅速撤出，无人员伤亡。长崎市消防部门共出动了 40 台消防车和 2 艘消防艇前往扑救，但由于船体构造非常复杂，且舱内充满浓烟，人员无法进入，消防工作难以有效展开，火灾一直持续了 30 多个小时，直到 10 月 3 日早晨 5：45 左右才被完全扑灭。整艘船被烧得面目全非，70% 的船体烧损。据有关方面估计，这场火灾造成的直接经济损失高达 2.5 亿美元，是造船行业有史以来遭受经济损失最严重的一次事故。虽然船舶本身的损失由保险商赔付，但交船严重拖期仍然给长崎造船厂造成了巨大的损失。

2. 事故原因分析

三菱重工"钻石公主"号游船的重大火灾是因为焊工在焊接管子时粗心大意，烤热了天花板上的钢板，导致上一层舱室中的舱具起火而引发的。

日本三菱重工"钻石公主"号游船发生重大火灾之前，实际上已经出现过好几次小的火情。由于麻痹大意，这样严重的事故隐患竟然没有引起船厂管理部门的足够重视，船厂管理部门既没有加强相关的防火安全管理，也没有采取必要的防范措施，听之任之，最终酿成不可挽回的重大损失。

4.1.3 棉工作服燃烧死亡事故

1. 事故概况

2002 年 1 月 14 日，某船厂装配工段裴某、田某、刘某三人负责某型产品的打压、试气、找漏及修补工作。19：00 左右，三人进入 2 舱中层甲板，19：30 左右电焊工刘某经人孔进入底层 2 号燃油舱后隔壁下部处仰卧曲体进行管件补漏施焊工作。裴某和田某两人在上层甲板监护，利用"探孔"（直径为 140 mm）探视施工情况，当刘某施焊 5 ~ 6 min 时，裴某闻到有棉衣的燃烧气味，便大声寻问："老刘，你的棉袄是否着了？"此时见刘某摘下电焊帽，扑打身上棉衣，又继续施焊，几分钟后，田某再次看到刘某的棉衣起火，便大声喊到："着火了，老刘，赶快上来！"此时，裴某跳入下舱，帮助扑火救人，但由于舱室狭小，火势太旺，未能成功。当刘某爬到隔板人孔处时，火焰已烧至全身。裴某和田某两人合力将刘某拉到二层甲板，只见刘某除鞋未烧损外，周身衣物全部烧焦。刘某当即被送往医院抢救，于 2002 年 1 月 15 日凌晨 4：22 宣告死亡。

2. 事故原因分析

由于操作者刘某护具着装不规范，在施焊过程中，焊接火花飞溅到身上，引燃棉工作服，扑救不及时，引起事故发生。

棉工作服是事故的起因物。刘某仰卧曲体进行管件补漏施焊作业时，电焊火花溅到工作服上，引燃工作服。电焊火花是事故的致害物。

直接原因：刘某仰卧曲体进行管件补漏施焊作业时，电焊火花溅到工作服上，引燃棉工作服。

间接原因：工作服与作业场所、施工工艺要求不符，在仰卧曲体焊接时未为员工配置阻燃服；员工也未对可能坠落的焊接火花、焊渣采取必要的隔离防护措施；刘某在棉衣第一次着火进行扑救后，未更换工作服，棉质服装有阴燃的可能。

4.1.4　深油舱火灾事故

1. 事故概况

某劳务公司承接某船厂 62 000 t 油轮深油舱的焊接工作。1990 年 3 月 19 日上午，劳务工陈某和陆某根据该公司组长陆某的安排，先到机舱进行补焊工作，9：30 左右，机舱补焊结束后，两人又将焊接电缆拉至深油舱的双层底内，由陈某补焊，陆某监护。在船东到机舱验收时，发现有漏焊，遂由吴某通知陈某、陆某返工。约 10：15，吴某从主甲板走到深油舱的第一层扶梯处，看到舱下面有火光，马上报警。后经消防人员的奋力抢救，将火扑灭。

当舱内发生火灾时，陈、陆二人在舱内起火后未及时撤离和报警，以致在火势扩大情况下窒息死亡。

2. 事故原因分析

经过对燃烧残留物分析，事故起因可能是电焊电缆线打火引燃了锦纶安全网、棕绳，烧断了锦纶网绳。锦纶熔滴带火掉入舱内并黏附在下方两名焊工身上，引燃了工作服，一时不能扑灭，扩大成火灾。同时锦纶安全网燃烧产生了烟雾和有毒、有害气体，致使陈某和陆某两人因缺氧窒息倒在舱底。因此，锦纶网绳是这起事故的起因物。

在第一层小平台的脚手架顶端角铁处有一根铜芯外露，有短路痕迹，角铁上有电击痕迹，这两处痕迹吻合。通过调查分析，可能是陈某和陆某使用的电焊电缆线绝缘层破损，与角铁脚手架接触碰电起火，电焊电缆线接触碰电起火是事故的致害物。

4.2 燃爆事故案例

燃爆物质是工业燃气混合气体、油漆混合气体及其他化学品、油气混合气体等。燃爆事故发生的场所主要是狭小、密闭舱室及相对密闭、通风不良的空间。易发生燃爆事故的作业活动主要是焊接、气割、气刨、除锈打磨等明火作业，油漆涂装等作业。造成燃爆事故的原因，多数是由于违反操作规程或劳动纪律造成的。

燃爆事故在船舶工业各类事故中占的比例虽然不高，但危害和经济损失都是巨大的，往往造成群死群伤，因此，防范燃爆事故是船舶工业安全生产工作的重点。

4.2.1 艏尖舱燃爆事故

1. 事故概况

2002 年 3 月 14 日，某船厂电装分厂强电工段四组曹某、陈某两人在该厂所建造的某型船艏尖舱的计程仪舱，利用气割、电焊研配，安装电缆托架、电缆走线板条马脚。上午 11：10 左右作业完毕后，曹某未将使用的焊炬和氧、乙炔胶管等拖出舱外，便午休回家吃饭了。下午上班后，13：30 左右，两人下舱后便叫人将氧、乙炔胶管拉出舱外，在艏尖舱作业的黄某和王某两人将氧乙炔胶管拉出，放置在艏尖舱的甲板上。14：00 左右，曹某便点焊板条马脚，瞬间引起氧、乙炔混合气爆燃，陈某攀抓直梯逃出，爬出舱外时下肢等部位烧伤。曹某被救出后，立即送往医院抢救，后因大面积烫伤，呼吸道衰竭死亡。

2. 事故原因分析

上午，操作者曹某在舱内气割作业工作完毕后未将焊炬和氧、乙炔管拉出舱外，由于供气阀门关闭不严、软管破损等诸多原因，导致气体泄漏，舱内可燃性混合气体集聚且达到爆炸极限浓度，当下午曹某再次在舱内焊接马脚板条时，电焊火花引燃了氧、乙炔混合气，最终导致燃爆事故发生。乙炔气是这次事故的主要起因物，电焊火花是事故的致害物。

直接原因：曹某在有可燃性混合气体集聚且达到爆炸极限浓度的舱室内进行板条马脚的焊接。

重要原因：上午操作者曹某在舱内气割作业工作完毕后未将焊炬和氧、乙炔管拉出舱外，供气阀门关闭不严、软管破损等诸多原因，气体泄漏，导致舱内聚集有已达到爆炸极限的可燃性混合气体。

间接原因：在舱室内进行动火作业未履行先通风、再检测、后作业及审批程序等。

4.2.2　多用途货轮燃爆事故

1. 事故概况

2005年5月26日，某船舶公司正在建造的某型4 250 t集装箱多用途货轮停靠在公司码头，船体长约80多米，高约10 m，于5月13日下水，事发时正在进行下水后的安装、油漆等工程。

事故当天，在船舱内安排有十多名员工从事油漆作业。下午15：40左右，焊工王某进入舱内，在远离舱内刷油漆人员之处进行焊、割作业。

15：50左右，突然前舱传来一声巨大的爆炸声，三四秒之后又响起第二、第三声爆炸，最后一声震耳欲聋。前舱两块约8 m长、三四米宽、重6 t的舱板都被炸飞起，又重重砸落在甲板上。船前深板（钢质）被炸出三个直径10 cm左右的洞。爆炸及其强大的冲击波致使5人死亡，6人受伤。

爆炸发生后，氧气瓶还在燃烧，舱里还有十多个氧气瓶和乙炔瓶，70多名工友争先恐后往后舱跑，十多个工友拿起灭火器跑到前舱去救火，但在甲板上喷了几分钟后不敢再停留了。大约20 min后消防部门赶到现场，还派出吊车将被炸飞的舱板吊开，并确保没人被压在下面。

2. 事故原因分析

在刷油漆时因为舱内通风情况不良，致使可燃气体积聚在舱内，达到了爆炸极限。可燃气体在舱内的蔓延，扩大了燃爆的范围。事故中可燃气体是起因物。

同时在船舱内作业的还有氧、乙炔焊割作业，氧、乙炔焊割作业产生的明火点燃了达到爆炸极限的可燃气体，可燃气体燃爆过程中引燃了油漆，又引爆了气瓶。明火是致害物。

直接原因：刷油漆时未对现场实施有效通风，导致可燃气体在舱内积聚，并迅速蔓延到整个舱室。在未对舱内进行通风且有人在刷漆的区域进行焊接作业，电火花引爆舱内已达到爆炸极限浓度的爆炸性气体混合物。爆炸性气体混合物是起因物。

间接原因：施工组织不合理，在舱内同时安排刷漆和焊接作业；舱内放置有气瓶、油漆等物质，在舱内爆炸性气体混合物燃爆过程中引燃了油漆，又引爆了气瓶，致使舱内发生多次爆炸。

4.2.3 某货轮燃爆事故

1. 事故概况

2004 年 4 月 22 日 14：15 左右，广州某船厂水域码头，一艘两万余吨的土耳其籍货轮"威乐"号两个货仓间的一个船舱内突然传来巨大的爆炸声，接着船舱内有一个大火球喷涌而出，船身发生剧烈震动。事发时，巨大的冲击波当场将船上的施工警戒缆绳炸飞，并远远地抛到造船厂的车间屋顶。1 名外籍水手当场被炸身亡，另有 3 名外籍水手在事故中受伤。

2. 事故原因分析

4 月 12 日该船进入船厂停泊检修，使用工业用燃气进行焊接切割作业。由于胶管破损，造成工业用燃气泄漏，致使船舱内工业用燃气浓度达到爆炸极限，在施工过程中遇到明火，引发事故的发生。事故中工业用燃气是起因物，明火是致害物。

4.2.4　工具箱爆炸事故

1. 事故概况

1990年1月3日，某船厂船体分厂装配二班在船台上建造的某出口冷藏船甲板上作业，作业结束后，当班作业人员将氧、乙炔橡胶软管一头打结后盘卷放置在工具箱内，另一头仍然连接在氧气、乙炔汇流排上。1990年1月4日上午8：10左右，装配二班开始进行焊接作业，黄某等三人在进入冷藏船做双层底分段大接头黄沙衬垫焊作业时，铁制工具箱突然发生爆炸，将正在工具箱一侧1 m处工作的3名电焊工分别弹出4.5 m、1.2 m和4.2 m，该工具箱门被炸飞16 m，整个箱顶及后板向北飞出18 m。事故造成黄某当场死亡，另两人一人重伤，一人轻伤的事故。

2. 事故原因分析

爆炸性气体混合物遇焊割作业的火花是造成燃爆事故的直接原因。可燃性混合气体是事故起因物，切割作业的火星是事故致害物。

直接原因：1月3日装配二班在工作完毕后，违反CB 3910—1999《船舶焊接与切割安全》3.2.3"交接班、停止焊接及离开工作场所时应关闭好氧气和乙炔的阀门，应将氧气和乙炔软管脱离气源；离开工作场所时，应仔细检查工作现场以防火灾"的规定，将氧、乙炔橡胶软管在没有切断供气气源的情况下，仅以将氧、乙炔橡胶软管打结的方式阻止气体流动，并盘卷在密闭的工具箱内，致使工具箱内积聚大量的可燃性混合气体。

间接原因：安全教育不足，员工安全意识淡薄，安全知识匮乏；工作前后疏于检查。

4.2.5　氧气瓶的减压器着火烧毁

1. 事故概况

某施工队的气焊工在进行焊接作业时，使用漏气的焊炬，焊工的手心被调节轮处冒出的火炬苗烧伤起泡，涂上獾油后继续进行作业，施焊过程中又一次发生回火，氧气胶管爆炸，减压阀着火并烧毁,关闭氧气瓶阀门时,氧气瓶上半截已非常烫手,非常危险。

2. 事故原因分析

直接原因：气焊工用涂有獾油的手调节氧气阀门，当焊炬漏气导致回火时,压缩纯氧产生强烈的氧化作用,引起剧烈燃烧。

间接原因：未严格执行 CB/T 3969—2005《金属焊割用燃气入舱作业安全规定》6.1.3."作业人员应对焊割器具和橡胶软管进行检查，确保无泄漏"的规定，开展作业前对焊割具、橡胶软管进行完好性、气密性检查；员工安全知识匮乏，手上涂有獾油操作气割（氧气）设备等。

4.3 触电事故案例

据统计，触电死亡事故约占船厂工伤死亡事故总数的23.5%。在受伤害人群中，特种作业人员受伤害最多，其中电焊作业人员约占 90%。

手工电弧焊触电事故的原因具有以下一些特点：一是由于违反操作规程或劳动纪律造成触电事故（约占同类事故总数的57%）；二是由于设备、工具、附件缺陷造成触电事故（约占总数 21.4%）。违反操作规程或劳动纪律主要表现为：焊工安全意识淡薄，在焊接作业中，忽视安全，自我保护意识差；劳动保护用品穿戴不全，或防护用品破损不及时更换。如有的焊工戴的手套露出手指或手掌，也有的焊工不戴专用手套，随便佩戴没有绝缘性能的布手套或线手套，在拿焊把或更换焊条时，容易发生触电事故。设备、工具、附件缺陷问题主要表现为：电焊机二次线太长，有的达十几米甚至几十米，施工焊点离电源太远、视线不好；二次线或焊钳绝缘破坏等；在炎热季节进行舱内作业时，由于通风降温达不到要求，特别是在狭小、密闭等作业场所，作业人员使用的劳动保护用品因汗水浸湿，失去防护作用，是造成触电事故的主要原因。

为做好防范工作，应对环境恶劣（如易燃易爆、潮湿等）的作业场所或环境采取严格周密的保护措施；电缆线破损后应及时更换，杜绝漏电事故发生；焊工作业时，作业人员必须穿戴劳动保护用品（如焊工绝缘手套、绝缘鞋等）；加强对焊工的安全教育，提高员工安全意识和技能；不断完善各项用电安全操作规程，加强对焊接设备、线路和工具的检修和保养，避免"带病工作"。

4.3.1　电焊电缆漏电触电事故

1. 事故概况

2004 年 6 月 26 日上午 8：00 左右，承包 × × 停泊待修轮船钢结构工程的某船舶修造服务中心员工杜某、雷某、李某 3 人，进入该轮一舱高边柜进行斜坡板的换新焊接作业。其中，杜某负责新换斜坡板与小肘板的结构焊接，其他 2 人与杜某同在一个强肋位内分别进行其他焊接作业。11：50 左右，雷某在移动焊接位置时，喊了一声杜某，杜某没有回答，雷某回头发现杜某歪倒在舱内，感觉到可能触电了，于是立即喊"有人触电了！"在旁边肋位作业的其他人闻讯后立即切断了焊机供电电源，此时，李某过来与雷某一起将杜某抬到旁边，并进行人工呼吸抢救。同在船上作业的工人将情况告知其单位负责人殷某，殷某立即打电话叫来救护车，将杜某送往医院抢救，约 12：20 左右，抢救无效死亡。

2. 事故原因分析

经过事故调查组的现场勘察取证、询问与事故有关人员及目击证人，并调阅了相关材料，发现电焊机焊把线绝缘破损，杜某使用的焊工手套手指、手掌处均存在严重破损。最后认定事故是由于杜某在拖、拉电缆时，手部接触到裸露的带电体引发触电。

直接原因：杜某使用的焊工手套手掌、手指处严重破损，在没有切断焊机电源情况下，拖、拉电缆，手部接触到绝缘破损的电缆，造成直接电击伤害。电焊电缆绝缘层破损是事故的致害物。

间接原因：某船舶修造服务中心未按照要求为员工配备必要的防护用品；

舱内（有限空间）作业未设置监护人员、作业前未对设备设施进行检查与确认等。

4.3.2　电焊钳绝缘破损触电事故

1. 事故概况

某船厂焊工张某正在船舱内焊接，因舱内温度高、通风不良，且张某已作业较长时间，其身上工作服和皮手套已经湿透。在换电焊条时触及到焊钳绝缘损坏的钳口带电体，触电跌倒，焊钳落在张某颈部造成电击，经抢救无效死亡。

2. 事故原因分析

直接原因：焊工张某因身体出汗较多，手套已经湿透，其绝缘阻值下降，当接触到绝缘损坏的焊把时造成直接电击（焊机空载电压约 75~80 V，远高于安全电压）。

间接原因：施工组织不合理，舱内焊接未保证良好通风，且人员工作时间过长；张某一人作业，舱内作业未设置监护人，当焊把落到其颈部时未能摆脱，周边又无其他人员救援，电流通过人体时间过长；施工单位及作业人员未对使用的设备设施进行检查与确认等。

4.3.3　拖拉电焊电缆触电事故

1. 事故概况

2004 年 9 月 6 日下午 13：10 左右（中午时间有降雨），在某船厂承包轮压载管局部换新工程的某船舶修造厂员工朱某、祝某、党某、张某和陈某午休后，来到该轮五大舱内继续进行右舷双层底压载管换新工作（此项工作上午已经完成定位，下午将进行焊接）。到五大舱后，朱某、祝某在大舱内进行应管，党某配合焊接。14：00 左右，朱某和陈某首先下到双层底进行已换新的压载管接口套管焊接作业（由朱某焊接，陈某监护）。15：20左右，配合朱某等作业的党某焊接完后也下到双层底内进行该管另一端的接口焊接。15：30左右，张某上到大舱内，陈某帮助其将焊接电缆拿到大舱内后继续下到双层底内监护党某作业。约几分钟后，党某焊完后，陈某配合党某往外拉焊接电缆。这时，陈某听到"哎哟"一声，立即意识到党某可能触电了，立即叫人砸断焊接电缆（此焊接电缆未按照某船厂规定安装快速插头），同时叫人将党某抬到大舱内进行人工呼吸抢救，由救护车将其送到医院抢救（16：00左右），约17：00宣告死亡。

2. 事故原因分析

现场勘查发现，党某所使用的电焊电缆在距离焊钳约1.07 m处破损，有包扎的绝缘胶布，但已经脱落，导致铜线裸露。

直接原因：作业舱内由于中午下雨积水，且未将积水进行处理就进行作业，造成作业人员的工作鞋潮湿，绝缘能力下降。党某在收纳电焊电缆前未切断焊机供电电源，也未认真检查电焊电缆有无破损，直接拖、拉焊接电缆，接触电缆绝缘破损处裸露的带电体，造成直接电击。破损的电缆是事故的致害物、作业人员的工作鞋潮湿，绝缘能力下降是诱因。

间接原因：施工单位及作业人员在作业前缺乏必要的检查与设备设施安全状态确认；作业环境存在大量积水，导致作业人员的工作鞋潮湿，绝缘性能下降；作业使用的电焊电缆未按照规定安装快速插头，致使发生触电事故后，不能及时切断电源，延误了抢救时间等。

4.4 高处坠落事故案例

高处作业是造修船生产的行业特点，高处作业的客观环境十分复杂和险恶，动态变化的生产过程更增加了安全管理的难度。经统计分析，船舶制造业中高处坠落事故伤及人群主要是电焊、切割工和起重工。该类人员高处作业频次较多，危险性较大，因此，高处坠落事故是风险预控的重点。

高处坠落死亡事故原因集中在人的因素、环境条件的因素、设备的因素等几方面。首先是人的因素造成的高坠伤亡事故比例最高，如在生产过程中由于站立位置不当、重心失去平衡、相互联系配合不协调、自我保护和相互保护意识不强等造成坠落。其次，生产作业环境安全设施不完善，如孔洞无盖、舷边、斜道等外侧无有效防护栏杆、安全网，光线不足或工作地点及通道情况不良等；再次，设备、工具附件有缺陷，如登高用的梯台未固定，扶梯立柱霉变，断挡或缺挡（格）等。

《船舶修造企业高处作业安全规程》（CB 3785—2013）明确规定了"四个必有""六个不准""十不登高"的安全防护措施。近年来，随着造船模式的转换，在生产工艺上采用了高处作业平地做，分段平台预舾装和采用高空作业车等一系列先进的施工方法，提高现场防护设施的安全性、可靠性，大大减少了高处作业的危险程度，使高处坠落事故的发生率大幅度下降。

4.4.1　脚踩纵骨打滑高处坠落事故

1. 事故概况

2002 年 6 月 14 日 19：00 左右，在 ×× 船厂工地承包工程的某公司工程负责人钱某安排电焊领班章某带唐某、孙某二人到承修的某货轮第四货舱右上边舱进行焊接作业。上船后，章某由该边舱前道门进入，在第四与第五框架之间的斜坡板上部焊接纵骨腹板，孙某和唐某由该舱后一道门口进入后，在第五与第六框架间的斜坡板上部焊接纵骨腹板。21：30 左右，章某停下作业准备出舱，他顺第五个框架立板（高度为1 500 mm）上的梯凳攀上，并翻过上方的安全防护栏杆，再沿立板背面的梯凳而下，想钻过下方斜坡底板上开孔处的右侧围栏到斜坡板下部的安全地带，在下行过程中踩在纵骨上的脚打滑失足，顺开孔处跌至货舱底部（14 m 左右），唐某发现后与孙某立即出舱求救，与赶到的其他人将章某用门机吊吊至码头，随后救护车将其送到医院，22：50左右，章某经抢救无效死亡。

2. 事故原因分析

事故调查与现场勘查情况：该货轮在船厂修理期间主要工程为钢结构换新。发生事故的第四货舱右上边舱由六个强框架及前横隔壁分割成六个非水密隔挡，整个舱容上下呈倒三角形，前、后各一道门可通到舱内。坠落的开孔部位是因换板需要所开，开孔部位处于前后方第五与第六框架之间，左右方向处于第四与第六根纵骨之间的斜坡底板上，尺寸为3 300 mm×1 600 mm，四周焊有安全栏杆，开孔处距货舱底的高度为14 m左右。边舱内前后方向半空处拉有一串36 V照明灯，其中在开孔上方悬有2个照明灯，舱内另有一通风管，作业者的电焊把道可以贯通到前后两个道门处上下梯子处。虽然现场设置有专用通道，但通道通往边舱底板的途径上没有专用上下攀梯；开孔处设有安全防护栏，但未设置二次防护设施，如安全网等。

直接原因：章某身为电焊领班，明知边舱内有开孔的情况下，因现场通道通往边舱底板的途径上没有专用上下攀梯行走不便，贪图便利选择捷径，违章冒险翻越安全围栏，造成失足坠落，是这次事故的致害原因及直接原因。

间接原因：开孔处设有安全防护栏，但未设置二次防护设施，如安全网等、安全通道设置不合理，通道通往边舱底板的途径上没有专用上下爬梯；安全管理落实不到位，脚手架验收检查不全面；安全教育宣传力度不够，规章制度落实不严格，隔挡内单独进行电焊作业，没有设立监护人，安全监护不到位等。

4.4.2 分段高处坠落事故

1. 事故概况

2001年5月21日上午，某船务工程公司电焊工成某，在承包的某船厂某轮2141分段、2142分段上工作。因两分段架空，距地面6.7 m。分段之间相距2.7 m，中间用两块木质跳板（0.35 m×4 m）连接，作为传递管子等物件的通道。当成某欲通过跳板，从一个分段走到另一分段时，虽有工友提醒成某有危险，但成某不听劝阻执意通过，不幸失足从跳板上坠落，头部着地受重伤，经抢救无效死亡。

2. 事故原因分析

事故调查与现场勘查情况：架空净高约 6.7 m，相距 2.7 m 的两个分段之间，架设有仅用作为传递物品的、宽约 0.35 m 的木质跳板。跳板两旁未设置护栏和安全网，且现场未设置相关警示标志。

直接原因：成某贪图方便不听劝阻，执意在宽度仅 0.35 m、两侧无任何防护的跳板上行走，违规进行两分段之间的往返。在其行进期间，跳板颤动、人体失衡是造成事故的直接原因。0.35 m 的木质跳板是这起事故的起因物。

间接原因：设备设施存在缺陷，跳板底部为设置安全网之类的保护设施（虽然搭设的跳板仅供输送物件，但即使是输送物件也应设置防止物件坠落的安全措施）；安全教育不足，人员安全意识淡薄，侥幸心理严重，高空违章行走；现场疏于监管，人员相互监督不够等。

4.4.3　手持物品下直梯高处坠落事故

1. 事故概况

2004 年 7 月 22 日下午，某船厂船体分厂二车间高效工区三组组长丰某安排电焊工费某在某船第一压载舱左舷做 3318 分段、3218 分段外板焊前准备。13：00 左右，费某与同组电焊工毕某将焊接材料从库房领出，运上船台甲板，两人进行分工，费某负责 3318 分段，毕某负责 3218 分段，进行焊前准备贴衬垫。14：00 左右，费某准备至第二平台进行贴衬垫作业。费某一手拿两片衬垫，一手扶梯子，沿直梯从第一层平台至第二层平台，在下行过程中，不慎从 14.04 m 高处坠落至第五平台（二至五平台梯子护盖均没有盖上）。某工程队电焊工王某准备下第四层平台取焊枪，当走至第三层时，向下看，发现费某躺在第五层平台上，于是王某大声喊人，与毕某等将费某抬上救护车，送医院抢救，经抢救无效。于当日 22：00 死亡宣告。

2. 事故原因分析

生产通道利用船体第一压载舱通道直梯，一至五层平台护栏盖未盖，垂直高度 19.90 m，缺乏安全防护设施，是重大安全隐患，没有及时消除，是事故的起因物。费某准备去二平台进行贴衬垫作业，下直梯时，一手拿两片衬垫，一手扶梯子，行至一平台与二平台之间时，身体失去平衡，造成高处坠落，是事故发生的致害物。作业现场的安全管理不到位，存在管理漏洞和死角，安全措施不落实，安全监督检查不到位，安全管理不严格。

直接原因：费某上、下直立梯时，未将工具、材料放置在工具包内，而是徒手携带，身体失去平衡，造成高处坠落。

间接原因：作业现场的安全管理不到位，高处作业未设置监护人员，费某坠落后无人及时发现，错失抢救时机；安全措施不落实，安全监督检查不到位，各平台层盖板未投入使用，形同虚设；施工单位未向作业者提供必要的工具包、材料袋，或安排人员传递工具和材料等。

第5章 焊接作业安全示范

本章介绍了部分企业在焊接设备安全、作业安全及相关管理等方面的安全示范，供参考借鉴。

5.1 设备安全示范

设备安全示范见表5.1。

表5.1 设备安全示范

规范做法 GB 15579.1—2013/IEC 60974—1：2005《弧焊设备 第1部分 焊接电源》11.4.1 意外接触的防护焊接电源的输出端不管是否接有焊接电缆都应予以防护，防止人体或金属物件（如车辆、起重吊钩等）的意外接触。

可采取如下措施：

a) 耦合装置的任何带电部分凹入进口孔端面符合 IEC 60974—12 的装置均已达到本条要求；

b) 装有带铰链的盖或防护罩

规范做法 AQ/T 7009—2013《机械制造企业安全生产标准化规范》4.2.41.4 当采用焊接电缆供电时，一次线的接线长度应不超过3 m。

4.2.41.5.2 二次回路宜直接与被焊工件直接连接或压接。二次回路接点应紧固，无电气裸露，接头宜采用电缆耦合器，且不超过3个

表 5.1（续 1）

规范做法 电焊机内部无异物、元器件整洁，电气连接紧密。符合 SJT 31434—1994《交流弧焊机完好要求和检查评定方法》3.6.1 每半年左右卸去机壳用干燥的压缩空气吹净内部的灰尘和异物 3.6.2 拧紧所有的电气连接处螺帽	**规范做法** AQ/T 7009—2013《机械制造企业安全生产标准化规范》4.2.41.5.3 当二次回路所采取的措施不能限制可能流经人体的电流小于电击电流时，应采取剩余电流动作保护装置或其他保护装置作为补充防护

规范做法 焊机使用场所应保持清洁，无严重粉尘，周围无易燃易爆物。符合 AQ 7007—2013《造修船企业安全生产技术规范》6.7.7 规定	**规范做法** 橡胶软管连接处应用专用接头及管箍连接并捆扎牢固，不应泄露。应符合 CB/T 3969—2005《金属焊割用燃气入舱作业安全规定》5.3 的规定

规范做法 焊机的二次线采用橡皮绝缘橡皮护套铜芯软电缆，电缆长度不大于 30 m，接头不大于 3 个，且用线槽敷设。符合 GB 50194—2014《建设工程施工现场供用电安全规范》9.4.8 要求	**规范做法** 焊接设备定置摆放，一次线长度不超过 3 m，操作规程、区域标识、风险告知、警示标识齐全。符合 GB 9448—1999《焊接与切割安全》6.2 的要求

表 5.1（续 2）

规范做法 CB/T 3969—2005《金属焊割用燃气入舱作业安全规定》6.1.3 作业人员应对焊割器具和橡胶软管进行检查，确保无泄漏	**规范做法** GB 50194—2014《建设工程施工现场供用电安全规范》9.4.8 电焊机的二次线应采用橡皮绝缘橡皮护套铜芯软电缆，电缆长度不宜大于 30 m，不得采用金属构件或结构钢筋代替二次线的地线

规范做法 机器人焊接作业区应相对独立，设置防护围栏，并设有警示标识。焊接设备屏护区域应按工作性质及类型选择联锁或光栅保护装置。应符合 AQ/T 7009—2013《机械制造企业安全生产标准化规范》4.2.41.7.3 的要求	**规范做法** 露天的易燃及可燃气体气瓶应放置在遮阳棚内，以避免阳光暴晒，应符合 CB 3910—1999《船舶焊接与切割安全》3.1.4.1 的规定

规范做法 GB 9448—1999《焊接与切割安全》6.3 放有易燃物区域的热作业条件：焊接或切割作业只能在无火灾隐患的条件下实施	**规范做法** 按照 GB 50055—2011《通用用电设备配电设计规范》4.0.1 条的规定，每台电焊机的电源线应装设隔离电器、开关和短路保护电器，实现一机一闸一漏保

表 5.1（续 3 ）

规范做法 焊接及切割操作的地方必须配置足够的灭火设备，以防止火情蔓延引起火灾。灭火器材的配置应符合 GB 9448—1999《焊接与切割安全》6.4.1 要求

规范做法 定期检查回火防止器阀门，杜绝使用有漏气的乙炔阀。参见 CB 3910—2001《船舶焊接与切割安全》3.1.4.3 要求

规范做法 AQ/T 7009—2013《机械制造企业安全生产标准化规范》4.2.41.5.2 二次回路宜直接与被焊工件直接连接或压接。二次回路接点应紧固，无电气裸露，接头宜采用电缆耦合器，且不超过 3 个。电阻焊机的焊接回路及其零部件（电极除外）的温升限值不应超过允许值

规范做法 GB 15579.1—2013.IEC 60974-1：2005《弧焊设备 第 1 部分 焊接电源》10.5 "电缆固定装置：装有供连接柔性输入电缆接线端子的焊接电源应配备电缆固定装置，以使电气连接不受张力的作用

规范做法 CB/T 3969—2005《金属焊割用燃气入舱作业安全规定》5.3 橡胶软管连接处应用专用接头连接并捆扎牢固，不应泄露

规范做法 CB 3910—1999《船舶焊接与切割安全》4.2.3 在三相和四线制供电系统中，电焊机外壳必须进行保护性接零，用于接零的导线其截面积大于相应相线截面积的 1/2

表 5.1（续 4）

规范做法 GB 15579.11—2012/《弧焊设备 第 11 部分：电焊钳》7 操作电焊钳应能：

a）安全、快速地装上焊条和取下剩余的焊条残段；

b）在任一规定的部位夹持焊条，均可使其焊到只剩下 50 mm 长；

c）在操作者不施加任何外力的情况下，夹紧制造商所规定的各种规格直径的焊条；

d）焊条与工件粘接在一起时，能将焊条脱离工件

规范做法 GB 9448—1999《焊接与切割安全》4.2.2.4 护腿：需要对腿做附加保护时，必须使用耐火的护腿或其他等效的用具

规范做法 AQ/T 7009—2013《机械制造企业安全生产标准化规范》4.2.41.5.3 当二次回路所采取的措施不能限制可能流经人体的电流小于电击电流时，应采取剩余电流动作保护装置或其他保护装置作为补充防护

规范做法 GB 9448—1999《焊接与切割安全》11.3 接地：焊机必须以正确的方法接地（或接零）。接地（或接零）装置必须连接良好，永久性的接地（或接零）应做定期检查

表 **5.1**（续 5）

规范做法 GB 9448—1999《焊接与切割安全》11.4.3 焊机的电缆应使用整根导线，尽量不带连接接头。需要接长导线时，接头处要连接牢固绝缘良好	**规范做法** CB 3910—1999《船舶焊接与切割安全》5.1.2 船台上放置焊机时应备有防护罩，防止潮湿、日晒和下落物等，以防损坏焊机

规范做法 AQ/T 7009—2013《机械制造企业安全生产标准化规范》4.2.41.1.2 固定使用的电源线应采取穿管敷设；一次侧、二次侧接线端子应设有安全罩或防护板屏护；线路接头应牢固，无烧损。电气线路绝缘完好，无破损、无老化。加强日常检查	**规范做法** GB 50055—2011《通用用电设备配电设计规范》4.0.3 电焊机电源线的载流量不应小于电焊机的额定电流；断续周期工作制的电焊机的额定电流应为其额定负载持续率下的额定电流，其电源线的载流量应为断续负载下的载流量

5.2　作业安全示范

作业安全示范见表5.2。

表5.2　作业安全示范

规范做法　AQ 4214—2011《焊接工艺防尘防毒技术规范》4.7 在焊接作业场所操作配备有除尘防毒装置的机器设备，在作业开始时，应先启动除尘防毒装置、后启动主机；作业结束时，应先关闭主机、后关闭除尘防毒装置

规范做法　AQ 4214—2011《焊接工艺防尘防毒技术规范》8.10 焊接作业时，焊工应配戴防尘毒口罩

规范做法　GB 9448—1999《焊接与切割安全》4.2.2.1 防护服：防护服应根据具体的焊接和切割操作特点选择。

　　防护服必须符合 GB 15701 的要求，并可以提供足够的保护面积

规范做法　GB 9448—1999《焊接与切割安全》4.2.1 眼睛及面部防护：作业人员在观察电弧时，必须使用带有滤光镜的头罩或手持面罩，或佩戴安全镜、护目镜或其他合适的眼镜。辅助人员亦应配戴类似的眼保护装置

表 5.1（续）

规范做法　GB 9448—1999《焊接与切割安全》4.2.2.3 围裙："当身体前部需要对火花和辐射做附加保护时，必须使用经久耐火的皮制或其他材质的围裙"

规范做法　AQ 7007—2013《造修船企业安全生产技术规范》6.7.7 焊机使用场所清洁，无严重粉尘，周围无易燃易爆物

规范做法　CB 3910—1999《船舶焊接与切割安全》5.2.2 狭窄部位工作时（只能允许一名焊工操作的场所）应由有安全知识并能尽责的监护人进行监护，监护人应认真负责并坚守岗位。
　　GB 9448—1999《焊接与切割安全》6.4.1 灭火器及喷水器：在进行焊接及切割操作的地方必须配置足够的灭火设备

规范做法　AQ 4214—2011《焊接工艺防尘防毒技术规范》8.2 焊接作业除穿戴一般防护用品（如工作服、手套、眼镜和口罩）外，针对特殊作业场合还应佩戴通风焊帽（用于密闭容器和不易解决通风的特殊作业场所的焊接作业）

5.3 安全管理示范

安全管理示范见表 5.3。

表5.3 安全管理示范

规范做法 接触尘毒的焊接作业应进行岗前职业培训、风险辨识，在作业现场醒目位置设置风险告知、操作规程及警示标志，标志应符合 GB 2894、GB Z158 的要求

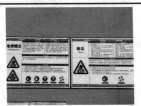

规范做法 焊接、切割作业场所应在醒目位置设置警示标志，标志应符合 GB 2894、GBZ 158 的要求

规范做法 CB 3910—1999《船舶焊接与切割安全》4.1.2 操作前应检查电源线和焊接电缆是否良好，启动开关（包括保险丝）等是否正常，接地螺栓或接地线是否连接良好

规范做法 GB 9448—1999《焊接与切割安全》6.4.2 火灾警戒人员的设置。

"在下列焊接或切割的作业点及可能引发火灾的地点，应设置火灾警戒人员：

a）靠近易燃物之处 建筑结构或材料中的易燃物距作业点 10 m 以内。

b）开口 在培壁或地板有开口的 10 m 半径范围内（包括墙壁或地板内的隐蔽空间）放有外露的易燃物。

c）金属墙壁 靠近金属间壁、墙壁、天花板、屋顶等处另一侧易受传热或辐射而引燃的易燃物。

d）船上作业 在油箱、甲板、顶架和舱壁进行船上作业时，焊接时透过的火花、热传导可能导致隔壁舱室起火

附　　录

本书引用的法律、法规及标准汇总表（表 A.1）

表A.1　本书引用的法律、法规及标准汇总表

序号	文件号/标准号	名称
1	中华人民共和国主席令第二十四号〔2018〕	中华人民共和国劳动法
2	中华人民共和国主席令第二十四号〔2018〕	中华人民共和国职业病防治法
3	中华人民共和国主席令第八十八号〔2021〕	中华人民共和国安全生产法
4	中华人民共和国国务院令第586号〔2011〕	中华人民共和国工伤保险条例
5	国家安全生产监督管理总局令第80号〔2015〕	特种作业人员安全技术培训考核管理规定
6	GB 9448—1999	焊接与切割安全
7	GB 10235—2012	弧焊电源　防触电装置
8	GB 15578—2008	电阻焊机的安全要求
9	GB 15579.1—2013/IEC 60974-1：2005	弧焊设备　第1部分：焊接电源
10	GB 15579.4—2014/IEC 60974-4：2010	弧焊设备　第4部分：周期检查和试验
11	GB 15579.5—2013/IEC 60974-5：2007	弧焊设备　第5部分：送丝装置
12	GB/T 15579.6—2008/IEC 60974-6：2010	弧焊设备　第6部分：限制负载的设备

表 A.1（续 1）

序号	文件号 / 标准号	名称
13	GB 15579.7—2013/ IEC 60974-7：2005	弧焊设备　第 7 部分：焊炬（枪）
14	GB 15579.11—2012	弧焊设备　第 11 部分：电焊钳
15	GB 15579.12—2012	弧焊设备　第 12 部分：焊接电缆耦合装置
16	GB 20262—2006	焊接、切割及类似工艺用气瓶减压器安全规范
17	GB 26787—2011	焊接、切割及类似工艺用管路减压器安全规范
18	GB 50055—2011	通用用电设备配电设计规范
19	GB 50194—2014	建设工程施工现场供用电安全规范
20	GB 50236—2011	现场设备、工业管道焊接工程施工规范
21	GB/T 2550—2016	气体焊接设备 焊接、切割和类似作业用橡胶软管
22	GB/T 5107—2008	气焊设备 焊接、切割和相关工艺设备用软管接头
23	GB/T 5226.1—2019/ IEC 60204-1：2016	机械电气安全 机械电气设备 第 1 部分：通用技术条件
24	GB/T 13955—2017	剩余电流动作保护装置安装和运行
25	GB/T 15579.9—2017	弧焊设备　第 9 部分：安装和使用
26	GB/T 34525—2017	气瓶搬运、装卸、储存和使用安全规定
27	AQ 4214—2011	焊接工艺防尘防毒技术规范
28	AQ 7007—2013	造修船企业安全生产技术规范
29	AQ/T 7009—2013	机械制造企业安全生产标准化规范
30	CB 3438—1992/ IEC 60974-9：2010	船舶修理防火、防爆录像带要求
31	CB 3785—2013	船舶修造企业高处作业安全规程
32	CB 3786—2012	船厂电气作业安全要求

表 A.1（续 2）

序号	文件号／标准号	名称
33	CB 3910—1999	船舶焊接与切割安全
34	CB/T 3947—2001	气电自动立焊工艺要求
35	CB/T 3969—2005	金属焊割用燃气入舱作业安全规定
36	TSG 23—2021	气瓶安全技术规程
37	TSGZ 6002—2010	特种设备焊接操作人员考核细则
38	SJT 31434—1994	交流弧焊机完好要求和检查评定方法

参 考 文 献

［1］陈倩清.船舶焊接安全与防护技术［M］.哈尔滨：哈尔滨
工程大学出版社，2013.

［2］王长忠.焊接安全知识［M］.北京：中国劳动社会保障出
版社，2018.

［3］郭海燕，程丽平，司海翠.焊接与切割安全作业［M］.北京：
中国电力出版社，2016.

［4］李炳荣.船舶工业典型事故案例［M］.哈尔滨：哈尔滨工
程大学出版社，2007.

［5］常用焊接设备说明［EB/OL］.（2018-07-01）［2020-04-01］.
https://wenku.baidu.com/view/711a32585727a5e9856a61b8.html.